Ioana Stanciu

Termodinâmica e cinética química

Ioana Stanciu

Termodinâmica e cinética química

ScienciaScripts

Imprint

Cover image: www.ingimage.com

This book is a translation from the original published under ISBN 978-620-7-84479-1.

Publisher:
Sciencia Scripts
is a trademark of
Dodo Books Indian Ocean Ltd. and OmniScriptum S.R.L publishing group

120 High Road, East Finchley, London, N2 9ED, United Kingdom
Str. Armeneasca 28/1, office 1, Chisinau MD-2012, Republic of Moldova, Europe
Printed at: see last page
ISBN: 978-620-8-11598-2

Conteúdo

I. Noções de termodinâmica química

I.1. Objeto de estudo da termodinâmica química

A termodinâmica química fenomenológica trata da sistematização e generalização dos resultados experimentais, enquadrando-os num número limitado de leis, regras e princípios.

Com a ajuda da termodinâmica fenomenológica, estudamos:

- os efeitos térmicos que acompanham as transformações químicas

- a quantidade de trabalho mecânico, de volume útil, que ocorre durante o desenvolvimento de um processo termodinâmico que também inclui uma reação química

- as leis que descrevem os processos de passagem da energia de uma forma para outra

- a possibilidade, o significado e os limites dos processos químicos naturais e industriais

- avaliação do estado de organização ou desordem dos sistemas termodinâmicos estudados

- o estado de equilíbrio térmico e químico dos sistemas na sequência de transformações físico-químicas

- estabelecer as condições de controlo e gestão necessárias para alcançar o equilíbrio desejado.

I.2. Concentrações

A solução é uma mistura homogénea constituída por dois ou mais componentes que formam uma única fase. Uma fase é uma porção homogénea de um sistema separada das outras partes por superfícies ou fronteiras, perto das quais ocorre uma variação súbita das propriedades físicas. Por componente entende-se uma determinada espécie molecular, ou seja, uma determinada substância. Podem existir soluções gasosas, líquidas e sólidas.

Os componentes de uma solução são:

- Solvente (dissolvente) - componente que se dissolve e que se encontra em maiores quantidades e

- O solvato (dissolvido ou soluto) - componente que se dissolve e se encontra em quantidades menores

CONCENTRAÇÃO PERCENTUAL - indica o número de partes de substância dissolvida em 100 partes de solução. Como as partes são medidas em unidades de massa ou volume, as percentagens podem ser expressas da seguinte forma:

- percentagens em massa - representa a quantidade de substância dissolvida, expressa em gramas a partir de 100 gramas de solução (exemplo: uma solução de NaCl a 3% significa que 100 g de solução contém 3 g de NaCl)

$$c = \frac{m_d}{m_s} \cdot 100 \qquad (1.1)$$

Em que C = concentração percentual em massa [%]

m_d = a massa do soluto (g)

m_s = tabela de soluções (g)

m_{solv} = massa do solvente (g)

$$m_s = m_d + m_{\text{solv}} \qquad (1.2)$$

- percentagens de volume

$$c = \frac{V_d}{V_s} \cdot 100 \qquad (1.3)$$

$$V_s = V_d + V_{solv} \qquad 1.4)$$

CONCENTRAÇÃO MOLAR (molaridade) - é denotada por C_M e representa o número de moléculas - gramas (moles) de substância dissolvida por 1 litro de solução. Assim, uma solução 1 M tem uma molaridade de m = 1, ou seja, 1 mole de substância está dissolvida num litro de solução

$$C_M = \frac{n}{V} = \frac{m_d}{M \cdot V} \quad (1.5)$$

Em que C_M = concentração molar [mol/L]

V = o volume da solução (L)

m_d = a massa do solvato (g)

M = massa molecular do solvato (g/mol)

CONCENTRAÇÃO NORMAL - é indicada por C_N e representa o número de gramas equivalentes de substância dissolvida por 1 litro de solução.

$$C_N = \frac{m_d}{E_g \cdot V} (\mathrm{eq}/L) \quad (1.6)$$

Em que C_N = concentração normal [eq/L]

V = o volume da solução (L)

m_d = a massa do solvato (g)

CONCENTRAÇÃO MOLAR (molalidade) - moles de soluto por 1000 g de solvente

$$a = \frac{m_d \cdot 1000}{M \cdot m_{\mathrm{solv}}} (\mathrm{eq}/L) \quad (1.7)$$

I.3. Sistemas termodinâmicos. Grandezas termodinâmicas

Sistema termodinâmico - região do universo, de dimensões macroscópicas, isolada, real ou imaginária, a ser estudada. O sistema termodinâmico é constituído por corpos (por exemplo, substâncias químicas) ou conjuntos de corpos que estão em interação. Assim, um corpo ou um conjunto de corpos que se encontra convencionalmente delimitado do meio ambiente forma um sistema termodinâmico.

Sistemas abertos ou não isolados - os sistemas termodinâmicos que trocam energia e massa com o ambiente externo

Sistemas fechados ou sistemas isolados - os sistemas que não trocam energia e massa com o ambiente exterior

Sistema adiabático - o sistema que não troca calor com o ambiente exterior

Sistema homogéneo - o sistema que tem as mesmas propriedades em todos os seus pontos

Sistema heterogéneo - o sistema em que as propriedades variam nos seus diferentes pontos

Fase - o domínio homogéneo de um sistema, limitado pelas superfícies onde ocorre a variação descontínua das propriedades

O estado do sistema termodinâmico - é definido como a totalidade das propriedades físicas e químicas que caracterizam o sistema num dado momento (por exemplo, volume, massa, composição química, densidade, pressão, temperatura, índice de refração, etc.)

O estado de equilíbrio termodinâmico de um sistema isolado é caracterizado pelo facto de todos os pontos do sistema terem a mesma composição química e não se alterarem ao longo do tempo. Através do estado de desequilíbrio termodinâmico, a invariabilidade das propriedades físicas e químicas é mantida através de trocas de massa e energia com o meio externo, pelo que o sistema não está isolado.

As propriedades de um sistema são expressas por quantidades intensivas (quantidades independentes da quantidade de substância no sistema; por exemplo: pressão, temperatura) e quantidades extensivas (quantidades dependentes da quantidade de substância no sistema; por exemplo: volume, massa, energia interna, etc.).)

As grandezas extensivas podem estar relacionadas com a quantidade de substância, sendo neste caso designadas por grandezas específicas, ou com o número de moles, sendo designadas por grandezas molares.

O processo termodinâmico. A alteração do estado de um sistema termodinâmico, determinada pela variação de um ou mais parâmetros de estado, é designada por processo termodinâmico. Os processos que transformam algumas substâncias (compostos químicos) noutras substâncias são designados por processos químicos ou reacções químicas.

Dependendo do caminho percorrido pelo sistema (a sucessão de estados intermédios), o processo termodinâmico pode ser reversível ou irreversível. Os processos reversíveis são processos termodinâmicos através dos quais o sistema passa espontaneamente do estado inicial para o estado final e vice-versa, através da mesma sequência de estados intermédios, sem que ocorra qualquer alteração no ambiente externo.

Os processos irreversíveis são processos em que o sistema não pode regressar do estado final ao estado inicial pelo mesmo caminho, através da mesma sucessão de estados intermédios.

I.4. Princípios da termodinâmica

I.4.1. Princípio zero da termodinâmica

O PRINCÍPIO ZERO DA TERMODINÂMICA - trata do equilíbrio térmico dos sistemas termodinâmicos. O parâmetro mais importante da termodinâmica é a temperatura.

O princípio zero-dois ou mais corpos isolados diatermicamente estão em equilíbrio térmico se tiverem temperaturas iguais. => postula a existência de um parâmetro de estado chamado temperatura T.

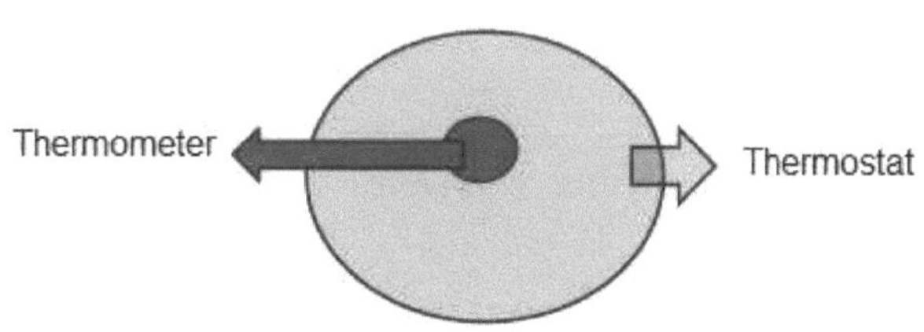

Fig.1.1. O contacto entre dois sistemas

No contacto térmico entre dois sistemas que diferem em massa, o corpo grande, chamado termóstato, mantém as suas propriedades inalteradas, enquanto as propriedades do corpo pequeno, chamado termómetro, variam significativamente. A variação de uma propriedade do corpo escolhido como termómetro, em função da temperatura, serve para a medição quantitativa da temperatura.

A temperatura de um corpo pode ser expressa em graus Celsius, denotados por t (º C), em graus Kelvin, denotados por T, e em graus Farenheit, denotados por

$$T = t + 273{,}15; ^{o}F = (9/5)t + 32 \quad (1.8)$$

I.4.2. Primeiro princípio da termodinâmica

PRINCÍPIO I DA TERMODINÂMICA - é aplicado ao estudo dos efeitos térmicos que acompanham os processos químicos.

Durante os processos termodinâmicos, o sistema troca energia com o ambiente externo sob a forma de trabalho mecânico L, ou sob a forma de calor Q.

Princípio I - Uma transformação termodinâmica ocorre de tal forma que a energia não se perde, não se cria, mas apenas se transforma em proporções estritamente equivalentes - a lei da conservação da energia, que tem como consequência a lei da equivalência.

Princípio I - é impossível criar uma máquina de movimento perpétuo do tipo I, ou seja, uma máquina que produz energia a partir do nada.

I.4.2.1. Trabalhos mecânicos

Quando um sistema actua contra uma força externa, realiza um trabalho mecânico L igual a:

$$L = \int_{l_1}^{l_2} \mathrm{Fdl} \qquad (1.9)$$

em que: F = força constante que desloca o seu ponto de aplicação ao longo de um segmento de reta l e l_1 , l_2 a posição inicial e final do movimento

F = p · S; p = pressão; S = superfície

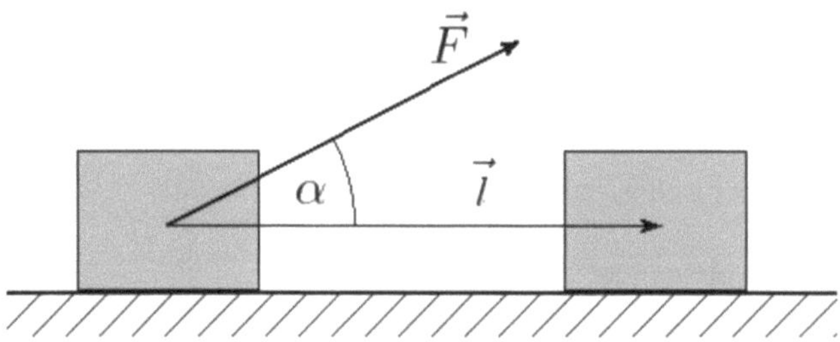

Fig.1.2. Representação gráfica do trabalho mecânico

$$L = \int_{l_1}^{l_2} \mathrm{pSdl} = \int_{V_1}^{V_2} \mathrm{pdV} \Rightarrow L = \int_{V_1}^{V_2} \mathrm{pdV} \qquad (1.10)$$

O trabalho mecânico realizado pelo sistema no meio exterior é assinalado com o sinal (+); e o recebido do meio exterior é assinalado com o sinal (-). O calor cedido ao meio externo é considerado negativo (processos exotérmicos), e o calor recebido do meio externo é considerado positivo (processos endotérmicos).

As diferentes formas de energia transformam-se umas nas outras em proporções rigorosamente equivalentes. A relação de equivalência entre trabalho mecânico e calor foi estabelecida por Joule:

$$\frac{L_1}{Q_1} = \frac{L_2}{Q_2} = \mathrm{constant} = 4.18J \Rightarrow \text{legea echivalentei} \qquad (1.11)$$

I.4.2.2. Energia interna

Uma formulação matemática amplamente utilizada do primeiro princípio pode ser dada com a ajuda da noção de energia interna (U), que mostra que a variação da energia interna ΔU é dada pela soma algébrica do calor Q e do trabalho mecânico L trocados pelo sistema com o ambiente.

$$\Delta U = Q - L \quad (1.12)$$

A variação da energia interna não depende da forma como o processo é efectuado, mas apenas dos estados inicial e final do sistema.

Para um processo elementar:

$$dU = \delta Q - \delta L \quad (1.13)$$

Em muitos processos químicos, o trabalho mecânico é realizado apenas contra a pressão externa, ou seja, é um trabalho de volume. Neste caso, a relação (1.13) torna-se:

$$dU = \delta Q - pdV \quad (1.14)$$

Os processos termodinâmicos que ocorrem a volume constante são chamados de processos isocóricos. Para estes processos, a variação de volume $\Delta V = 0$. Da relação do princípio I, obtém-se: $Q_v = \Delta U$, logo, a volume constante, o efeito térmico que acompanha o processo termodinâmico Q_v é igual à variação da energia interna ΔU.

Os processos termodinâmicos que ocorrem a pressão constante são designados por processos isobáricos:

$$\delta Qp = dU + pdV \quad (1.15)$$

O trabalho mecânico em processos isobáricos é:

$$L_{max} = \int_1^2 pdV = p(V_2 - V_1) = p\Delta V \quad (1.16)$$

I.4.2.3. Entalpia

Para um tratamento mais conveniente dos processos isobáricos, foi introduzida a função termodinâmica de estado, entalpia H, definida do seguinte modo

$$H = U + PV \quad (1.17)$$

A entalpia é definida como a soma entre a energia interna e o trabalho mecânico realizado pelo sistema para ocupar o volume V. O efeito térmico para processos que ocorrem a pressão constante é calculado da seguinte forma:

$$Q_p = \Delta U_p + PdV_p = (U_2 - pV_2) - (U_1 - pV_1) = H_2 - H_1 = \Delta H \quad (1.18)$$

Em processos isobáricos, a troca de calor Q_p é igual à variação de entalpia ΔH

$$\delta Q = dH - VdP - pdV + pdV = dH - Vdp \quad (1.19)$$

$\delta Q = dH - Vdp$ - a expressão matemática do primeiro princípio da termodinâmica em função da entalpia.

A entalpia H, tal como a energia interna U, é uma função de estado, uma propriedade extensiva dos reagentes que não pode ser diretamente determinada experimentalmente. O que é medido é ΔH, a diferença entre o estado final H_2 e o estado inicial H_1 de um sistema submetido a um processo físico ou químico:

$$\Delta H = H_2 - H_1 \quad (1.20)$$

A forma geral de uma equação química é:

$$\nu_1 A_1 + \nu_2 A_2 + \nu_3 A_3 + \ldots.\nu_i A \rightarrow \nu_1' A_1' + \nu_2' A_2' + \nu_3' A_3' + \ldots\ldots + \nu_i' A_i' \qquad (1.21)$$

em que: A_1 , A_2 , ...A_i representam os reagentes

A_1 ', A_2 ', ...A_i ' representam os produtos da reação

ν , ν , ν_{123} ..... ν_i si ν_1 ', ν_2 ', ν_3 '..... νi' são os coeficientes estequiométricos dos reagentes e dos produtos da reação

Exemplo:

$$2HCl + Ca(OH)_2 \Rightarrow CaCl_2 + 2H_2 0$$

os coeficientes de reação dos reagentes são 2 e 1, e os dos produtos da reação são 1 e 2

Para reacções químicas, a variação de entalpia de reação é da forma:

$$Q_p = \Delta H = \sum \nu_{i'} H_{i'} - \sum \nu_i H_i \qquad (1.22)$$

em que H_i e H_i ' são as entalpias de formação dos reagentes e dos produtos da reação, respetivamente, em unidades de energia J/mol ou cal/mol.

Nas reacções químicas isobáricas endotérmicas, o calor fornecido ao sistema é utilizado para aumentar a sua entalpia, de modo a que o sistema, depois de produzir a reação química, tenha uma entalpia ΔH>0;

$$\sum \nu_{i'} H_{i'} - \sum \nu_i H_i 0 \qquad (1.23)$$

Nas reacções químicas isobáricas exotérmicas, o calor libertado provém da diminuição da entalpia do sistema que, após a reação, apresenta uma entalpia inferior ΔH<0;

$$\sum \nu_{i'} H_{i'} - \sum \nu_i H_i \qquad (1.24)$$

Entre o calor de reação a volume constante Q_v e o calor de reação a pressão constante Q_p existe a seguinte relação resultante da expressão matemática do primeiro princípio da termodinâmica:

$Q = \Delta U + p\Delta V$ o que conduz à relação: $Qp = Qv + p\Delta V$ ou

$$\Delta H = \Delta U + p\Delta V \qquad (1.25)$$

Decorre da relação (1.25) que, nas reacções químicas em que participam substâncias sólidas ou líquidas, a variação de volume é muito pequena => $p\Delta V$ pode ser negligenciado e, portanto:

$$Qp = Qv \text{ sau } \Delta H = \Delta U \qquad (1.26)$$

No caso de reacções químicas entre reagentes no estado gasoso, os dois efeitos térmicos são diferentes apenas no caso de processos acompanhados por uma grande variação no volume do sistema. Nestas reacções, os dois efeitos térmicos podem ser calculados a partir da equação de estado dos gases perfeitos:

$pV = nRT$ e para uma variação no número de moles $p\Delta V = \Delta nRT$ e substituindo nas relações anteriores obtemos

$$Q_p = Q_v + \Delta nRT \qquad (1.27)$$

$$\Rightarrow \Delta H = \Delta U + \Delta nRT \qquad (1.28)$$

em que: Δn representa a variação do número de moles de gás durante a reação química e é igual à diferença entre o número de moles dos produtos da reação ν_1 ', ν_2 '.... $\nu_{i'}$, e o número de moles do reagente ν , ν_{12} .... e

$$\Delta n = \sum \nu_i' - \sum \nu_i \quad (1.29)$$

Após a variação do número de moles de gás na reação e sabendo que 1 mole de qualquer gás ocupa um volume de 22,4 L, a relação entre a entalpia e a energia interna pode ser apreciada:

a) $\Delta n > 0$: $\Delta H > \Delta U$

b) $\Delta n < 0$: $\Delta H < \Delta U$

c) $\Delta n = 0$: $\Delta H = \Delta U$

Se a reação for heterogénea, ao calcular o trabalho mecânico, ΔnRT, apenas é tida em conta a variação do número de moles de substâncias gasosas:

Exemplo: $CO_2(g) + C(s) \rightarrow 2CO(g)\ \Delta n = 2 - 1 = 1$

Para reacções químicas em que $\Delta n > 0$; $\Delta H > \Delta U$

Exemplo: $2CH_4(g) \rightarrow C_2H_2(g) + 3H_2(g)\ \Delta n = (3 + 1) - 2 = 2$

Para as reacções químicas em que $\Delta n < 0$; $\Delta H < \Delta U$

Exemplo: $CO(g) + 1/2\, O_2(g) \rightarrow CO_2(g) \Delta n = 1 - (1 + 0.5) = -0.5$

$\Delta n = 0$: $\Delta H = \Delta U$

Exemplo: $H_2(g) + Cl_2(s) \rightarrow 2HCl(g)\ \Delta n = 2 - (1 + 1) = 0$

I.4.3. Segundo princípio da termodinâmica

Existem vários processos na prática industrial, como a transferência de calor de um corpo frio para um corpo quente, a mistura de dois gases, etc., que ocorrem espontaneamente, ou seja, sem o consumo de trabalho mecânico do exterior. A evolução destes processos pode ser prevista e estudada quantitativamente com a ajuda do segundo princípio da termodinâmica.

O primeiro postulado do segundo princípio foi dado por Clausius, que afirma:

É impossível conseguir uma transformação cujo único resultado final seja uma transmissão de calor de um corpo com uma dada temperatura para outro com uma temperatura superior.

Kelvin: É impossível realizar um processo cujo único resultado seja a transformação em trabalho mecânico do calor retirado de uma fonte de temperatura uniforme. Um motor térmico é constituído por um sistema que sofre transformações cíclicas entre a temperatura da fonte quente e a da

fonte fria. Nestas transformações, o calor Q_1 é retirado da fonte quente e o calor Q_2 é dado à fonte fria (com o sinal - porque é um calor dado)

O trabalho mecânico fornecido ao ambiente externo é a diferença entre os dois calores:

$$L = Q_1 - (- Q_2) = Q_1 + Q_2 \qquad (1.30)$$

A eficiência da transformação de calor em trabalho mecânico é:

$$\eta = \frac{L}{Q_1} = \frac{Q_1+Q_2}{Q_1} \qquad (1.31)$$

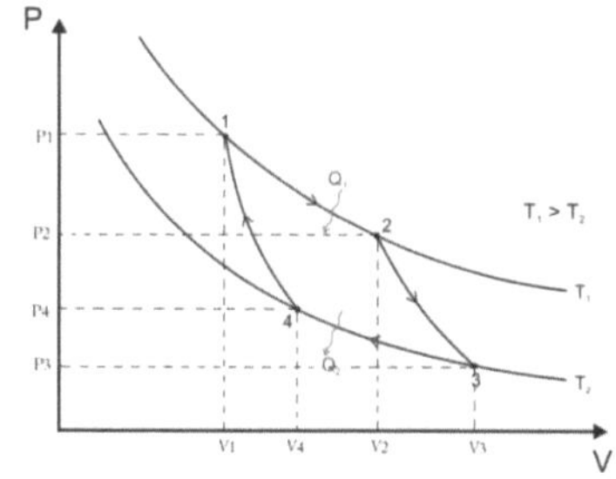

Fig.1.3. Ciclo de Carnot

Considerando que existe uma relação diretamente proporcional entre a quantidade de calor e as temperaturas absolutas T, segue-se:

$$\eta = \frac{L}{Q_1} = \frac{Q_1+Q_2}{Q_1} = \frac{T_1-T_2}{T_1} \Rightarrow \quad (1.32)$$

O rendimento máximo da transformação de calor em trabalho mecânico (desde que todos os processos fornecidos sejam reversíveis)

Se ocorrerem processos irreversíveis no sistema, então:

$$\eta \langle \frac{T_1-T_2}{T_1} \Rightarrow \eta = \frac{L}{Q_1} = \frac{Q_1+Q_2}{Q_1} \leq \frac{T_1-T_2}{T_1} \quad (1.33)$$

I.4.3.1. Grandezas introduzidas pelo segundo princípio da termodinâmica

I.4.3.1.1. Entropia

A relação de definição da eficiência máxima de transformação de calor em trabalho mecânico:

$$\eta = \frac{L}{Q_1} = \frac{Q_1+Q_2}{Q_1} = \frac{T_1-T_2}{T_1} \quad (1.34)$$

Pode ser escrito de outra forma

$$\frac{Q_1}{T_1} = \frac{Q_2}{T_2} = 0 \quad (1.35)$$

O rácio Q/T é designado por calor reduzido. Assim, para um ciclo de Carnot elementar, podemos escrever:

$$\frac{\partial \bar{Q}_1}{T_1} + \frac{\partial \bar{Q}_2}{T_2} = 0 \qquad (1.36)$$

Somando todos os calores reduzidos de todos os ciclos elementares, obtemos:

$$\oint \frac{Q_{\text{rev}}}{T} = 0 \qquad (1.37)$$

O tamanho $\frac{Q_{\text{rev}}}{T}$ é denotada por dS. A função S é designada por entropia, que para sistemas isolados representa a sua tendência para uma evolução espontânea.

Para processos químicos reversíveis, a variação de entropia à temperatura T é:

$$\text{dS} = \frac{\delta Q_{\text{rev}}}{T} [\text{cal/mol} \cdot \text{grad}] \qquad (1.38)$$

em que δQ_{rev} representa a variação elementar (infinitesimal) do calor trocado reversivelmente por uma mole de substância e T representa a temperatura a que se efectua a troca.

A entropia é uma função de estado termodinâmica; a sua variação depende apenas da entropia do estado final e inicial e não depende do caminho seguido pelo sistema ao passar do estado inicial para o estado final.

Quando o sistema passa do estado 1 para o estado 2, é possível escrever:

$$\Delta S = \int_1^2 \text{dS} \qquad (1.39)$$

onde $\Delta S = S_2 - S_1$

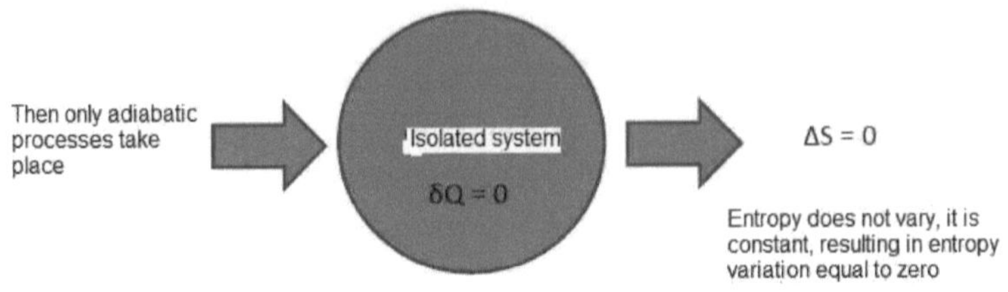

Fig. 1.4. Entropia dos sistemas termodinâmicos

Processos irreversíveis

$$dS = \frac{\delta Q_{rev}}{T}[cal/mol \cdot grad] \quad + dS\frac{\delta Q}{T} \Rightarrow TdS\delta Q \tag{1.40}$$

Substituindo δQ pela expressão dada pelo primeiro princípio da termodinâmica =>

$$TdS \geq dU + \delta L \tag{1.41}$$

que exprime o primeiro e o segundo princípios da termodinâmica através de uma única relação matemática

Para o trabalho em volume, pode escrever

$$TdS \geq dU + pdV \qquad \text{respetivamente} \qquad TdS \geq dH - Vdp$$

(1.42)

Em sistemas isolados: U = const. e V = const. ou H = const. e p = const. e só ocorrem processos adiabáticos. Assim, as equações anteriores passam a ser:

$dS_{U,V}0$ respetivamente $dS_{H,p}0$ ou por integração

$dS_{U,V}0$ ou $\Delta S_{H,P}0$

O segundo princípio da termodinâmica é enunciado para as reacções químicas, com a ajuda da entropia, da seguinte forma:

Em qualquer sistema isolado, a entropia do sistema mantém um valor constante se apenas ocorrerem processos reversíveis $dS = 0$ no sistema e aumenta se ocorrerem processos irreversíveis $dS>0$

A entropia associada a uma reação química

O cálculo da variação da entropia de reação a p = constante e T = constante é feito segundo um raciocínio semelhante ao seguido para o cálculo dos calores de reação (ΔH_r) ou das energias internas de reação (ΔU_r). A variação estequiométrica da entropia produzida numa reação a parâmetros de estado constantes é dada pela relação:

$$\Delta S = \sum \nu_i' S_i' - \sum \nu_i S_i \tag{1.43}$$

em que S'_i e S_i são as entropias molares de formação dos produtos da reação, respetivamente dos reagentes, e $\nu'i$ e νi são os coeficientes estequiométricos para os produtos da reação e para os reagentes.

Entropia como medida do grau de desordem de um sistema termodinâmico

Fazendo a ligação entre a possibilidade de produzir os acontecimentos indicados pelo segundo princípio da termodinâmica com a ajuda da entropia e a possibilidade de produzir um acontecimento dada pela teoria da probabilidade, o físico austríaco Ludwig Boltzman descobre o significado físico da entropia e deduz a seguinte relação:

$$S = k\ln W \tag{1.44}$$

que mostra que a entropia é proporcional ao logaritmo da probabilidade de estado W dos sistemas, sendo o fator de probabilidade a constante de Boltzman: k = R/N, em que R é a constante universal dos gases e N é a constante de Avogadro

O significado da dimensão W da probabilidade de estado dos sistemas:

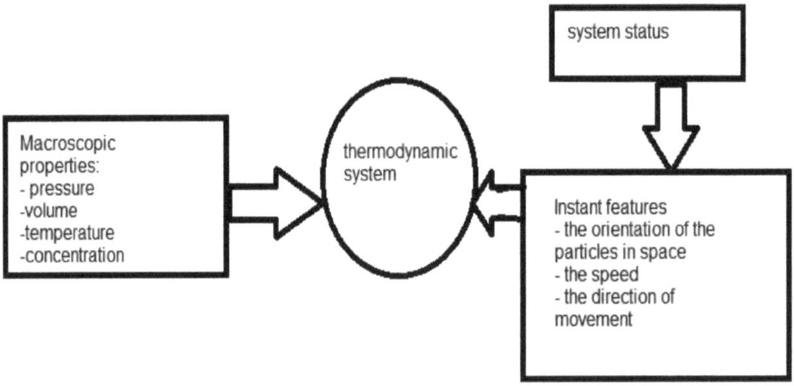

Fig.1.5. O significado da dimensão W da probabilidade de estado dos sistemas

Um macroestado é constituído por um grande número de microestados. Enquanto o macroestado permanece inalterado, sob as mesmas condições de pressão, volume, temperatura, concentração, as caraterísticas instantâneas do sistema (a orientação das partículas, a sua velocidade de movimento) estão sempre a mudar. O número de microestados subjacentes a um macroestado de um corpo é designado por probabilidade de estado W. Assim, a dimensão W representa o número de formas diferentes de atingir um determinado estado do sistema.

A entropia, que está relacionada com o número de formas diferentes de realização de um macroestado, é uma medida do grau de desordem.

Exemplos de processos que ocorrem com um aumento da entropia:

-derretimento

- sublimação

- vaporização

-dissolução de cristais

- reacções químicas que ocorrem com um aumento de volume

S↓ se os fenómenos que ocorrem conduzem a uma diminuição do grau de desordem de um sistema

-solidificação

- condensação

- cristalização

-compressão

- reacções químicas com redução de volume

Aplicações tecnológicas

A reação de conversão do metano pelo CO_2 é uma reação endotérmica que está na base das atmosferas endotérmicas controladas dos tratamentos térmicos e termoquímicos de cementação

$CH_4 (g) + CO_2 (g) = 2CO(g) + 2H_2 (g)$

$(\Delta n = \sum v_i' - \sum v_i) \Rightarrow \Delta n = (2 + 2) - 2 = 2 \;\; \Delta n 0 \; \Delta V 0 \; \Delta S 0$

Reação de hidrogenação do carbono para formar metano

$$C_{(\text{grafit})} + H_2 = \text{CH}_4$$

$\Delta n = 1 - 2 \ \Delta n \ \Delta V \ \Delta S$

A reação de formação do CO_2 a partir do monóxido

$$\text{CO}_{(g)} + 1/2\ O_{2_{(g)}} = \text{CO}_{2_{(g)}}$$

$\Delta n = 1 - (1/2 + 1) = -0.5 \ \Delta n \ \Delta V \ \Delta S$

Nota: o volume das substâncias sólidas e líquidas varia tão pouco que se considera que pode ser negligenciado e, nas reacções heterogéneas, apenas se considera o número de moles das substâncias gasosas

I.4.3.1.2. Entalpia livre (G) e energia livre (F)

Sistemas isolados não adiabáticos => foram introduzidos novos critérios para avaliar a evolução dos sistemas termodinâmicos e o estado de equilíbrio

Estes dois critérios baseiam-se na variação de dois potenciais termodinâmicos, nomeadamente:

- entalpia livre ou potencial termodinâmico de Gibbs G = f(T,P)

- energia livre ou potencial termodinâmico de Helmholtz F = f(U,V)

$$G = H - TS \quad (1.45)$$

A entalpia livre é definida como a diferença entre a entalpia e a TS, designada por energia ligada, que não é convertível em trabalho mecânico. Esta energia só pode ser trocada com o exterior sob a forma de calor.

A variação da entalpia livre representa a tendência do sistema para um mínimo de energia e um máximo de desordem.

A entalpia livre representa a parte do calor da reação que pode ser utilizada sob a forma de trabalho útil.

Num processo químico, a diminuição da entalpia livre é igual ao trabalho mecânico fornecido pela reação química para mover o sistema do estado dado para o estado de equilíbrio

Para derivar o critério do potencial de Gibbs, parte-se da fórmula restrita do primeiro princípio da termodinâmica em função da entalpia:

$$\delta Q = \mathrm{dH} - \mathrm{Vdp} \qquad (1.46)$$

Correlacionando esta relação com o segundo princípio e aplicando o critério da entropia para processos espontâneos e de equilíbrio, pode ser escrito:

$$\mathrm{TdS} \geq \mathrm{dH} - \mathrm{Vdp} \text{ reagrupando os } \textbf{termos} \Rightarrow d(H - \mathrm{TS})_T \leq \mathrm{Vdp} \qquad (1.47)$$

A p constante e T constante.

Em condições isotérmicas e isobáricas, os processos espontâneos ocorrem com a diminuição da entalpia livre e, no equilíbrio, o valor da entalpia livre é constante e a sua variação dG é igual a 0.

O critério de Gibbs é aplicado em condições isotérmicas-isobáricas a reacções químicas em sistemas heterogéneos de processos irreversíveis envolvidos na corrosão de materiais metálicos.

A partir da equação de definição da entalpia livre

$$G = H - TS$$

E sabendo que: TdS=dH-Vdp

as expressões seguintes são obtidas por diferenciação:

dG= dH- TdS- SdT

dG= dH- dH +Vdp -SdT

de unde *dG=Vdp-SdT*

Escrever a entalpia livre como a diferença total:

$$\mathrm{dG} = \left(\frac{\partial G}{\partial p}\right)\mathrm{dp} + \left(\frac{\partial G}{\partial T}\right)\mathrm{dT} \qquad (1.48)$$

e comparando com a anterior obtém-se

$$\left(\frac{\partial G}{\partial p}\right)_T = V \qquad (1.49)$$

$$\left(\frac{\partial G}{\partial T}\right)_P = -S \qquad (1.50)$$

$$\left(\frac{\partial \Delta G}{\partial T}\right)_p = -\Delta S \qquad (1.51)$$

Onde $\left(\frac{\partial G}{\partial T}\right)_P$ é o chamado coeficiente térmico da variação estequiométrica da entalpia livre

$$\left(\frac{\partial \Delta G}{\partial p}\right)_T = \Delta V \qquad (1.52)$$

Substituindo a expressão obtida para a entalpia por uma variação da entalpia livre com a temperatura a pressão constante, obtém-se a equação de Gibbs-Helmholtz, uma equação muito utilizada em cálculos termodinâmicos e electroquímicos (pilhas eléctricas)

$$\Delta G = \Delta H + T\left(\frac{\partial G}{\partial T}\right)_p \text{ Equação de Gibbs -Helmholtz} \qquad (1.53)$$

Para um processo químico, a variação estequiométrica da entalpia livre G não depende do caminho seguido pelo sistema, mas apenas das entalpias livres de formação do estado inicial (reagente) e do estado final (produtos da reação)

$$\Delta G = \sum \nu_i' \, G_i' - \sum \nu_i \, G_i \qquad (1.54)$$

A energia livre ou potencial termodinâmico de Helmholtz é definida como a diferença entre a energia interna do sistema U e a energia de ligação TS

$$F = U - \mathrm{TS} \qquad (1.55)$$

Para deduzir o critério de espontaneidade do processo, comece pela relação:

$\mathrm{TdS} = \mathrm{dU} + \mathrm{pdV}$ ao qual é aplicado o critério de entropia

$\mathrm{TdS} \geq \mathrm{dU} + \mathrm{pdV}$ $d(U - \mathrm{TS})_T \leq \mathrm{pdV}$ **de** onde $\Rightarrow (\mathrm{dF})_{T,V} \leq 0$

O critério da energia livre de Helmholtz mostra que, em condições isotérmicas e isocóricas, os processos acompanhados pela diminuição da energia livre F ocorrem espontaneamente.

Para os processos químicos, a variação da energia livre segue uma relação semelhante à lei de Hess

$$\Delta F = \sum \nu_i' F_i' - \sum \nu_i F_i \qquad (1.56)$$

I.4.3.1.3. Potencial químico

Para o estado de equilíbrio químico e para determinar o significado de um processo químico, é introduzida a função termodinâmica denominada potencial químico, denotada pela letra grega μ

Para sistemas termodinâmicos fechados não isolados, formados por vários componentes cuja composição varia durante o processo devido à troca de substância com o meio externo, a relação de definição da entalpia livre ΔG e da energia livre ΔF é completada com termos que reflectem a variação destes potenciais termodinâmicos com o número de moles de cada componente.

Por exemplo, a entalpia livre de uma substância pura, em equilíbrio, pode ser definida juntamente com a temperatura e a pressão e em função do número de moles n_i.

Se a fase contiver vários componentes, G e F podem ser definidos por $n_1, n_2, n_3 ....n_i$ número de demolições de cada componente da fase.

$$G = f(n_1, n_2, n_3 ......n_i .....) \qquad (1.57)$$

A diferença total de entalpia livre será:

$$dG = Vdp - SdT + \left(\frac{\partial G}{\partial n_1}\right)_{p,T,n_2,n_3,n_i} + \left(\frac{\partial G}{\partial n_2}\right)_{p,T,n_1,n_3,n_i} + \left(\frac{\partial G}{\partial n_i}\right)_{p,T,n_1,n_2,n_3} \qquad (1.58)$$

As derivadas parciais da relação acima foram designadas pelos potenciais químicos de Gibbs dos componentes 1, 2, ...representados pelos símbolos μ_1

$$\mu_i = \left(\frac{\partial G}{\partial n_i}\right)_{p,T,n_j \neq n_i} \quad (1.59)$$

Para um processo químico, a variação do potencial químico $\Delta\mu$ é dada pela variação da entalpia livre da reação considerada

$$\Delta\mu_i = \left(\frac{\partial \Delta G}{\partial n_i}\right)_{p,T,n_j \neq n_i} \quad (1.60)$$

Os processos químicos ocorrem espontaneamente com $\Delta\mu$ e em equilíbrio $\Delta\mu = 0$

A variação do potencial químico numa reação química é:

$$\Delta\mu = \sum \nu_i' \mu_i' - \sum \nu_i \mu_i \quad (1.61)$$

Para reacções que ocorrem na fase gasosa:

$$\mu_i = \mu_i^0 + \mathrm{RT} \ln X_i \quad (1.62)$$

em que X_i é a fração molar

$$X_i = \frac{n_i}{\sum n_i} \quad (1.63)$$

ou

$$\mu_i = \mu_i^0 + \mathrm{RTln}P_i \qquad (1.64)$$

em que P_i - pressão parcial do componente i,

μ_i- o potencial químico do componente i

μ_i^0 - o potencial padrão

Para reacções que ocorrem na fase líquida

$$\mu_i = \mu_i^0 + \mathrm{RTln}c_i \qquad (1.65)$$

Para p= constante e T= constante entre G e μ existe a relação:

$$G(T,p) = \sum n_i \mu_i \qquad (1.66)$$

I.4.4. Terceiro princípio da termodinâmica

A partir de estudos sobre sistemas condensados a baixas temperaturas, o terceiro princípio da termodinâmica foi formulado em 1906: os dados experimentais mostram que a diferença entre a entalpia de reação e a entalpia de reação livre é tanto menor quanto mais baixa for a temperatura.

De acordo com a relação que define a entalpia livre $\Delta G = \Delta H - T\Delta S$ quando a temperatura T tende para zero

$$\lim \Delta G = \lim \Delta H \qquad (1.67)$$

⇒ utilizando a equação de Gibbs-Helmholtz, obtemos

$$\Delta G = \Delta H + T\left(\frac{\partial G}{\partial T}\right)_p \qquad (1.68)$$

Explicação do termo entre parênteses:

$$\left(\frac{\partial \Delta G}{\partial T}\right)_p = \Delta G - \left(\frac{\partial \Delta H}{\partial T}\right)_p \qquad (1.69)$$

para $T \to 0$ é obtido

$$\lim\left(\frac{\partial \Delta G}{\partial T}\right)_p = \lim\left(\frac{\partial \Delta H}{\partial T}\right)_p \qquad (1.70)$$

Esta equação representa a transposição matemática do princípio III (teorema do calórico de Nernst) que é enunciado da seguinte forma: Quando a temperatura decresce em direção ao zero absoluto, o valor do coeficiente térmico da variação estequiométrica da entalpia livre tende assintoticamente para zero, identificando-se com o coeficiente térmico da variação estequiométrica da entalpia.

I.5. Métodos experimentais aplicados em termodinâmica química

Para a determinação experimental das grandezas termodinâmicas, são aplicados métodos calorimétricos e não-calorimétricos, como o método de análise térmica diferencial.

I.5.1. Métodos calorimétricos

Estes métodos têm como objetivo medir as variações de entalpia ΔH ou de energia interna ΔU que acompanham as transformações químicas num determinado sistema termodinâmico. Com a ajuda dos valores de ΔH e ΔU obtidos, podem ser calculadas as capacidades calóricas, entropias, entalpias livres, potenciais químicos, funções de estado importantes no estudo termodinâmico das reacções químicas. Na calorimetria, a entalpia e a energia interna são determinadas para transformações físicas (calores de fusão, vaporização, condensação, etc.), químicas (calores de reação, calores de neutralização) e físico-químicas (dissolução, adsorção, etc.).

O calorímetro é o dispositivo experimental para determinar o calor libertado, absorvido ou transmitido. Na sua forma mais simples, para o estudo de reacções químicas na fase líquida, o calorímetro é constituído por uma camisa de isolamento térmico que assegura condições adiabáticas, ou seja, não há troca de calor com o meio exterior. No interior da zona isolante encontra-se o recipiente de reação, o termómetro de alta precisão e um agitador de alta precisão para a homogeneização das soluções reagentes e da temperatura.

Os calorímetros diferem de um ponto de vista construtivo: de acordo com as condições em que são determinadas as variações de entalpia e de energia interna e do ponto de vista do contacto térmico com o revestimento isolante.

Se um metal (M) aquecido a uma temperatura T_M , superior à da água no calorímetro, for introduzido num calorímetro contendo uma certa quantidade de água, então ocorrerá uma troca de calor no calorímetro, no processo de igualar a temperatura entre o metal e a água. A quantidade de calor, q, cedida pelo metal até atingir a temperatura de equilíbrio, T, é igual à quantidade de calor, q_1 , recebida pela água até atingir a mesma temperatura, T.

$$q = m_M \bar{c}_M (T_M - T) = m_{\text{apa}} \bar{c}_{\text{apa}} (T - T_{\text{apa}}) \tag{1.71}$$

em que $\bar{c}_M$si $\bar{c}_{\text{apa}}$ representam os calores específicos médios na gama de temperaturas considerada

O calor específico médio de uma substância é

$$\bar{c} = \frac{q}{m \cdot \Delta T} \tag{1.72}$$

q - a quantidade de calor trocada por m gramas de substância a que corresponde uma variação de temperatura ΔT

O calor específico médio no intervalo de temperatura ΔT representa a quantidade de calor necessária para elevar a temperatura de um grama de substância em um grau.

Convencionalmente, considera-se que a água a 15° C e a uma pressão de 1 atm tem um calor específico igual a 1 cal/g de grau e, assim, da equação de definição do calor específico médio, resulta que a unidade de quantidade de calor é a quantidade de calor que a 15° C eleva em um grau a temperatura de um grama de água. Esta unidade chama-se caloria e é designada por cavalo.

A capacidade calórica (C) é dada pelo produto da estrutura específica e a massa do sistema. Em termodinâmica, é normalmente utilizada a capacidade calórica molar dada pela relação:

$$C = c \cdot M [\text{cal/mol} \cdot \text{grad}] \qquad (1.73)$$

Onde c - calor específico e M - massa molecular

A capacidade calórica média no intervalo de temperatura ΔT será:

$$\bar{C} = \frac{Q}{\Delta T} \qquad (1.74)$$

em que Q - representa a quantidade de calor fornecida a uma mole de substância para aumentar a sua temperatura em ΔT graus.

Capacidade calórica absoluta

$$C = \lim \frac{Q}{\Delta T} \qquad (1.75)$$

ou

$$C = \frac{\delta Q}{\mathrm{dt}} \qquad (1.76)$$

Para processos isocóricos

$$C_v = \frac{\delta Q_v}{\mathrm{dt}} \qquad \text{mas} \qquad \delta Q_v = \mathrm{dU} \Rightarrow C_v = \left(\frac{\delta U}{\delta T}\right) V$$

(1.77)

e para processos isobáricos

$$C_p = \frac{\delta Q_p}{\mathrm{dt}} \text{ mas } \delta Q_p = \mathrm{dH} \Rightarrow C_p = \left(\frac{\delta H}{\delta T}\right) p \qquad (1.78)$$

A variação da capacidade calórica com a temperatura é particularmente importante. Para baixas temperaturas, em substâncias cristalinas puras, tanto C_p como C_V tendem para zero. Entre 200 e 1000K, as capacidades calóricas são expressas como séries de potências de forma

$$C_p = a + \mathrm{bT} + \mathrm{cT}^2 + \dots\dots\dots \qquad (1.79)$$

em que a, b, c... são constantes

I.6. Termoquímica. Equações termoquímicas

A termoquímica é o capítulo da termodinâmica química que trata:

- dos dados experimentais da termodinâmica clássica no estudo das reacções químicas

- com a aplicação da base teórica criada apenas pelo primeiro princípio da termodinâmica ao estudo das mesmas reacções químicas

As equações termoquímicas representam equações químicas que incluem o estado de agregação dos reagentes e dos produtos da reação, bem como o sinal e o valor do efeito térmico que acompanha a reação química

$$\nu_1 A_1(s) + \nu_2 A_2(g) + \nu_3 A_3(l)...... + \nu_i A_i \rightarrow \nu_1' A_1'(l) + \nu_2' A_2'(s) + \nu_3' A_3'(g) + ... + \nu_i' A_i' + (\pm\Delta H) \quad (1.80)$$

As equações termoquímicas têm todas as propriedades das equações algébricas: somam-se, subtraem-se ou multiplicam-se; necessariamente, as mesmas operações algébricas são efectuadas com os calores dos reagentes.

I.6.1. Calor de reação

As reacções químicas são acompanhadas por uma troca de calor com o ambiente externo, denominada calor reativo. Em termoquímica, os calores dos reagentes são medidos em condições isocóricas-isotérmicas ou em condições isobáricas-isotérmicas.

O calor dos reagentes a volume constante, Q_V , e o calor a pressão constante, Q_p , são respetivamente iguais à variação da energia interna do sistema reagente (ΔU) ou à entalpia ΔH.

Conforme haja libertação ou absorção de calor, a reação química é exotérmica ou endotérmica. Nas reacções endotérmicas, a entalpia aumenta, $\Delta H>0$, e nas reacções exotérmicas a entalpia diminui $\Delta H<0$. As séries de calores de reação são designadas pelos nomes das reacções que acompanham:

Calor de neutralização - é a quantidade de calor que acompanha a reação de neutralização entre um ácido e uma base.

Calor de combustão - é a quantidade de calor que acompanha a reação completa de combustão (oxidação) de um produto.

Calor de hidratação - é a quantidade de calor que acompanha a união de uma mole de substância com n moles de água líquida, para formar um hidrato ou um hidróxido.

Todos os calores de reação são medidos em J/Kg; J/Kmol ou kcal/mol

1 kcal/mol = 4181,6 J/kg

O calor de formação de uma substância representa o efeito térmico a pressão constante (entalpia) da reação de síntese de uma mole de um composto químico a partir de substâncias simples (átomos ou moléculas). O calor de formação depende da temperatura, da pressão e do estado físico da substância. Em termoquímica, considera-se que o estado padrão de uma substância se encontra a uma pressão de 1 atm e a uma temperatura igual a 298,15K.

Os efeitos térmicos definidos nestas condições são designados por calores de formação padrão e são denotados por $\Delta\ H^{f0}{}_{298}$. O efeito térmico padrão da formação de um elemento é zero.

O calor de decomposição representa o efeito térmico da reação de decomposição de uma mole de um composto químico nos elementos químicos que o compõem.

O calor de combustão representa o efeito térmico da reação de combustão completa (combustão) em oxigénio de um mol de composto orgânico com a formação, a uma pressão de 1 atm e a uma temperatura de 298,15K, de CO_2 no estado gasoso e água no estado líquido, bem como os produtos correspondentes à oxidação completa de alguns elementos químicos que não o carbono e o hidrogénio, como o azoto, o enxofre, etc., se esses elementos químicos fizerem parte da composição da substância química.

Exemplo:

$$\mathrm{CH_4}(g) + 2O_2(g) \rightarrow 2H_2O(l) + \mathrm{CO_2}(g) \qquad \Delta^a H^0_{298} = -212.798\mathrm{kcal}$$

A relação entre o calor de reação a volume constante e o calor de reação a pressão constante no caso de reacções em fase gasosa

Parte-se da relação de definição da entalpia

$$H = U + PV \qquad (1.81)$$

Para um sistema gasoso que sofre uma transformação acompanhada de uma variação de volume ΔV, a variação de entalpia será:

$$\Delta H = \Delta U + P\,\Delta V \qquad (1.82)$$

De acordo com a equação de estado dos gases ideais:

$$p\Delta V = \Delta \nu \mathrm{RT} \Rightarrow \Delta H = \Delta U + \Delta \nu \mathrm{RT} \qquad (1.83)$$

Exemplo:

$H_2(g) + \mathrm{Cl}_2(g) \rightarrow 2\mathrm{HCl}(g) \qquad \Delta \nu = 0 \Rightarrow \Delta H = \Delta U$

$N_2(g) + 3H_2(g) \rightarrow 2\mathrm{NH}_3(g) \qquad \Delta \nu = 2 - 4 = -2 \Rightarrow \Delta H = \Delta U - 2\mathrm{RT}$

$2\mathrm{CH}_4(g) \rightarrow C_2H_2(g) + 3H_2(g) \qquad \Delta \nu = 4 - 2 = 2 \Rightarrow \Delta H = \Delta U + 2\mathrm{RT}$

Para reacções heterogéneas, apenas os componentes na fase gasosa são considerados no cálculo de Δν

$\mathrm{CO}_2(g) + C(s) \rightarrow 2\mathrm{CO}(g) \qquad \Delta \nu = 2 - 1 = 1$

Para as reacções na fase sólida ou gasosa, ΔH= ΔU porque não ocorrem com variações de volume.

I.7. Leis da termoquímica

I.7.1. Lei de Hess

LEI DE HESS. O calor de reação (Q_V ou Q_p) não depende do caminho seguido por uma reação química, ou seja, do número e ordem das suas fases intermédias, mas apenas das caraterísticas do estado dos reagentes e dos produtos reagentes.

Para uma reação química expressa pela equação da forma geral

$$\nu_1 A_1 + \nu_2 A_2 + \nu_3 A_3 ...... + \nu_i A_i \rightarrow \nu_1' A_1' + \nu_2' A_2' + \nu_3' A_3' + ... + \nu_i' A_i' \qquad (1.84)$$

A lei de Hess pode ser expressa da seguinte forma

$$\Delta H_{298} = \sum \nu_i' \, \Delta H_i' - \sum \nu_i \, \Delta H_i \qquad (1.85)$$

$\Delta H'_i$ e ΔH_i são as entalpias de formação dos produtos da reação ($\Delta H'i$) e dos reagentes (ΔH_i), respetivamente.

Para os compostos orgânicos, as reacções de combustão total até CO_2 e água podem ser realizadas sem dificuldade, uma reação rápida com um efeito térmico que pode ser facilmente medido experimentalmente. O calor de combustão (ou de combustão) ΔH^c , representa o efeito térmico da reação de combustão completa de uma mole de composto orgânico em CO_2 e água, bem como os produtos correspondentes à oxidação completa de outros elementos químicos (N, S...) se esses elementos fizerem parte da composição da substância orgânica. Com a ajuda dos calores de combustão, são determinados os calores de formação dos compostos orgânicos. Os dados experimentais mostram que, para as combinações orgânicas, os calores de formação são iguais à diferença entre os calores de combustão (queima) das substâncias simples que entram na sua composição e o calor de combustão (queima) da combinação dada.

Tendo isto em conta, a lei de Hess para calcular o efeito térmico de uma reação química isobárica utilizando o calor de combustão passa a ser

$$\Delta H_r = \sum \nu_i \, H_i^c - \sum \nu_i' \, H_i'^c \qquad (1.86)$$

Em que H_i^c e $H_i^{'c}$ são os calores de combustão dos reagentes e dos produtos da reação, respetivamente, e ν_i e ν_i' são os coeficientes estequiométricos dos reagentes e dos produtos da reação.

I.7.2. Lei de Laplace-Lavoisier

A LEI DE LAPLACE-LAVOISIER mostra que a variação de entalpia que acompanha uma reação química que ocorre numa determinada direção é igual e de sinal oposto à variação de entalpia associada à reação oposta (inversa).

A forma geral de uma equação química é:

$$\nu_1 A_1 + \nu_2 A_2 + \nu_3 A_3 \ldots\ldots + \nu_i A_i \overrightarrow{H_1} \nu_1' A_1' + \nu_2' A_2' + \nu_3' A_3' + \ldots + \nu_i' A_i'$$

$$\nu_1 A_1 + \nu_2 A_2 + \nu_3 A_3 \ldots\ldots + \nu_i A_i \overrightarrow{H_2} \nu_1' A_1' + \nu_2' A_2' + \nu_3' A_3' + \ldots + \nu_i' A_i' \tag{1.87}$$

De acordo com a lei enunciada: $\Delta H_1 = - \Delta H_2$

Da lei de Laplace-Lavoisier, resulta que quando uma mole de um composto químico é decomposta nos seus elementos químicos constituintes, é absorvido ou libertado tanto calor como o que é libertado ou absorvido quando uma mole do mesmo composto químico é formada a partir dos elementos componentes. Por outras palavras, o calor de formação é igual e de sinal oposto ao calor de decomposição.

$$\Delta H_{\text{formare}} = -\Delta H_{\text{descompunere}} \tag{1.88}$$

I.7.3. Lei de Kirchhoff

Sabendo-se que a entalpia é uma função de estado H=f(T,p), a variação elementar será uma diferença total exacta:

$$dH = \left(\frac{\partial H}{\partial T}\right)_p dT + \left(\frac{\partial H}{\partial P}\right)_T dp \qquad (1.89)$$

Derivada parcial $\left(\frac{\partial H}{\partial T}\right)_p$ dT = C_p é a capacidade calorífica molar isobárica. Se nos referirmos ao aquecimento isobárico de uma mole de substância, teremos

$$dH_p = C_p dT \qquad (1.90)$$

Integrando esta relação, obteremos a variação de entalpia durante o aquecimento isobárico da substância:

$$\Delta H_p = H_{T_2} - H_{T_1} = \int_{T_1}^{T_2} C_p \, dT \qquad (1.91)$$

A T=constante e p=constante, a variação da entalpia do processo (calor de reação) para a forma geral de uma reação química:

$$\nu_1 A_1 + \nu_2 A_2 + \nu_3 A_3 ...... + \nu_i A_i \overrightarrow{H_1} \nu_1' A_1' + \nu_2' A_2' + \nu_3' A_3' + ... + \nu_i' A_i'$$

$$(1.92)$$

$$\nu_1 A_1 + \nu_2 A_2 + \nu_3 A_3 ...... + \nu_i A_i \overrightarrow{H_2} \nu_1' A_1' + \nu_2' A_2' + \nu_3' A_3' + ... + \nu_i' A_i'$$

Será dado pela relação:

$$\Delta H_{T,p} = \sum_i \nu_i' H_{A_i'} - \sum_i \nu_i H_{A_i} \qquad (1.93)$$

Derivando esta relação em relação a T, obtém-se o seguinte

$$\left(\frac{\partial H}{\partial T}\right)_p = \sum_i \nu_i' \left(\frac{\partial H_{A_i'}}{\partial T}\right)_p - \sum_i \left(\frac{\partial H_{A_i}}{\partial T}\right)_p \nu_i \qquad (1.94)$$

$$\left(\frac{\partial H}{\partial T}\right)_p = \sum_i \nu_i' C_{p_{A_i'}} - \sum_i \nu\, C_{p_{A_i}} \qquad (1.95)$$

A última relação representa a expressão diferencial da lei de Kichhoff.

De acordo com a lei de Kirchhoff, a variação do efeito térmico de uma reação com a temperatura é igual à variação estequiométrica da capacidade calórica (ΔC_p).

Dependendo do ΔC_p o efeito térmico aumenta, diminui ou mantém-se constante com o aumento da temperatura.

Para obter a variação do efeito térmico para um intervalo de temperatura finito, a forma diferencial da lei de Kirchhoff deve ser integrada.

Em p=constante

$$d\Delta H_p = \left(\frac{\partial \Delta H}{\partial T}\right)_p \mathrm{dT} = \Delta C_p \mathrm{dT} \qquad (1.96)$$

A integração deste valor entre os limites T_1 e T_2 resulta:

$$\Delta H_{T_2} = \Delta H_{T_1} + \int_{T_1}^{T_2} \Delta C_P \mathrm{dT}$$

(1.97)

Esta relação representa a forma integral da lei de Kirchhoff.

I.8. Noção de equilíbrio químico

Muitas das reacções químicas parecem ter lugar num único sentido, ou seja, são irreversíveis.

Se o C arder em excesso de O_2 , forma-se CO_2 . Estes processos ocorrem apenas no caso de reacções heterogéneas, ou seja, as reacções e os reagentes encontram-se em reacções diferentes.

$C(g) + O2(g) \rightarrow CO2(g)$

No caso da fase homogénea, em que os reagentes e os produtos da reação se encontram na mesma fase, a situação é diferente. Se forem introduzidas quantidades equimoleculares de H e iodo num recipiente de reação, a temperaturas entre 300-500° C, quando ambas as substâncias se encontram na fase gasosa, forma-se ácido iodídrico. Esta reação não é completa, pois a estas temperaturas dissocia-se em H e iodo. Nestes casos, diz-se que a reação é reversível.

$H_2(g) + I_2(g) \rightarrow 2HI(g); 2HI(g) \rightarrow H_2(g) + I_2(g); H_2 + I_2 \leftrightarrow 2HI.$

O facto de o equilíbrio térmico ter sido atingido num determinado momento não significa que as reacções químicas tenham parado, mas que continuam a velocidades iguais. O equilíbrio químico não é estático, é dinâmico.

I.8.1. Lei das acções de massa

A velocidade de reação é utilizada como uma medida para estabelecer um equilíbrio térmico.

$$mA + nB \leftrightarrow qC + rD; V = k\, C_{11A} - CB \quad (1.98)$$

em que k_1 - constante de velocidade, C_A , C_B - concentrações molares, n, m - ordem de reação. A ordem de reação significa o número de átomos ou moléculas cuja concentração determina

velocidade de reação. $V = k\ C_{22C}\ -C_D$; $V = V_{12}$; $k\ C_{1A}\ -C = k\ C_{B2C}\ -C_D$ => (1.99)

$$k / k = C_{12C} - C / C_{DA} - C = k_{BC} ,$$

k_C - constante de equilíbrio em função da concentração.

I.8.1.1. Lei de Guldberg e Waage

No equilíbrio, a relação entre os produtos da concentração dos produtos da reação e os produtos da concentração dos reagentes é constante a uma dada temperatura.

I.8.1.2. Lei de Le Chatelier

Existem 3 factores importantes que determinam 1 equilíbrio:

- a concentração inicial das reacções;

-temperatura;

- a pressão.

A influência da concentração: Quando a concentração de um componente numa reação de equilíbrio diminui, o equilíbrio químico move-se no sentido da formação do respetivo componente. Quando a concentração do componente na reação de equilíbrio aumenta, o equilíbrio químico move-se no sentido do consumo do respetivo componente.

Influência da temperatura: O aumento da temperatura favorece as reacções endotérmicas e a diminuição da temperatura favorece as reacções exotérmicas.

A influência da pressão: A pressão desempenha um papel importante apenas nos casos de reação de fase em que o número de moles varia. A influência da pressão é a mesma que a da concentração.

$N_2 + 3H_2 \leftrightarrow 2NH_3$

A ação destes 3 factores sobre o equilíbrio químico está basicamente incluída no equilíbrio móvel estabelecido por Le Chateliey e é enunciada da seguinte forma:

Se um dos factores que determinam 1 equilíbrio químico se altera. O equilíbrio move-se no sentido em que a mudança no fator de variação é diminuída.

A constante de equilíbrio k_C pode ser determinada a partir de dados experimentais sobre a composição da mistura em equilíbrio, nas condições especificadas de temperatura e pressão, ou através da entalpia de reação livre padrão. ΔG^o T= - RTln k_C .

II. Noções de cinética química. Velocidade de reação

Com base nos seus resultados, a termodinâmica química prevê a direção em que a reação prossegue e o ponto em que o equilíbrio químico foi atingido. Não nos diz nada sobre o tempo necessário para atingir o equilíbrio.

A cinética química trata da medição das velocidades de reação e do mecanismo de reação. Conhecer a velocidade de uma reação química é indispensável para descrever uma reação. Existem reacções termodinâmicas possíveis, mas estas ocorrem a velocidades tão baixas que não são úteis de um ponto de vista prático.

Todas as reacções químicas têm lugar num determinado período de tempo, em função das condições em que ocorrem (concentração dos reagentes, natureza do catalisador). Algumas reacções químicas ocorrem tão rapidamente que parecem instantâneas.

$AgNO_3 + HCl = AgCl + HNO_3$

A combustão das reacções químicas ocorre a uma velocidade muito inferior, de modo que só se verifica uma alteração visível após um longo período de tempo (corrosão do ferro no ar atmosférico). Há, no entanto, a maioria dos processos que se desenrolam a uma velocidade intermédia, como se segue: $A + B \rightarrow C + D$, verifica-se que à medida que as concentrações em A e B diminuem, as concentrações nos produtos de reação C e D aumentam. A forma como a concentração varia em cada momento significa que a alteração de uma concentração num período de tempo muito curto deve ser considerada.

$$v = |-dCA/dt| = |-dCB/dt| = dCC/dt = dCD/dt. \qquad (1.100)$$

A velocidade de reação não é uma constante, mas depende de diferentes factores: concentração, temperatura, natureza do catalisador, intensidade de agitação do meio reacional.

II.1. Ativação de moléculas em reacções químicas

As moléculas reagem apenas quando colidem, e o sistema de reação aumenta com o aumento da temperatura. Assim, com um aumento da temperatura em cerca de 10° C, observou-se um aumento da velocidade de reação de cerca de 2-3 vezes. Este aumento da velocidade de reação teria ocorrido, aumentando o número de colisões entre as moléculas, tendo em conta que um aumento da temperatura provoca um aumento da mobilidade das moléculas, pelo que a probabilidade de estas colidirem é maior. O facto de as diferentes reacções que, à mesma temperatura e à mesma concentração, têm, na prática, o mesmo número de colisões, mas que ocorrem a velocidades diferentes, provou que o número de colisões entre as moléculas não é o fator decisivo para a velocidade da reação. De facto, se assim fosse, a reação na fase deveria ter lugar com uma velocidade de reação muito elevada, o que é contrariado pela prática. Para explicar o comportamento observado, Arrhenius colocou a hipótese de que em qualquer sistema reativo existe um equilíbrio entre moléculas normais e activadas e que apenas estas últimas participam na reação química. As moléculas activadas possuem um excesso de energia em relação à energia média das outras moléculas. Esta energia extra necessária para levar a cabo uma reação química é designada por energia de ativação.

Assim, a energia de ativação, Ea, é igual à diferença entre a energia necessária para a reação e a energia média das moléculas antes da reação. Propõe ainda uma relação: $^{k=A\text{-}e\text{-}Ea/RT}$, em que k=constante de velocidade da reação; A-constante de observação da reação; E_a -energia de ativação; R- constante universal dos gases; T-temperatura em K.

Neste caso, apenas as moléculas que atingem um determinado limiar de energia devido a choques térmicos podem passar do estado inicial para o estado final.

A entalpia de reação é inferior ao valor da energia de ativação ($E_a < E_a$ '). A ativação de moléculas em reacções químicas pode ser feita termicamente, fotoquimicamente, sob a influência de partículas de alta energia ou fotões.

As moléculas activadas podem dar origem a átomos radicais, iões que são muito reactivos. De especial importância teórica e prática são as reacções em que aparecem intermediários activos - centros activos como átomos, radicais e iões.

Do ponto de vista dos centros activos, distinguimos reacções com sequência aberta e reacções com sequência fechada. Nas primeiras, o centro ativo não se reproduz durante a reação, enquanto nas segundas ocorre a reprodução dos centros activos.

II.2. Reacções de sequência fechada

As reacções de sequência fechada podem ser de 2 tipos:

- reacções em cadeia em que o Ca é um componente reagente, pelo que desaparece com o fim da reação;

-reacções catalíticas em que o Ca é diferente dos reagentes e, portanto, se encontra inalterado no final da reação.

Reacções em cadeia

As reacções em cadeia podem ser cadeias rectas e cadeias com reacções ramificadas.

Reacções encadeadas com cadeias rectas - quando na reação de um radical com a molécula de um reagente nasce um novo radical para além do produto da reação, este reage da mesma forma que o primeiro. Desta forma, um radical inicial pode produzir uma sequência de reacções, a chamada cadeia de reação. O processo termina quando os radicais iniciadores ou propagadores da cadeia se estabilizam de alguma forma, perdendo o seu estado radicalar. De acordo com este mecanismo, a reação de: $x + y_2 = 2xy$ processa-se da seguinte forma:

a) reação de iniciação: $x2\cdot \rightarrow 2x'$;

b) reação de propagação: $x'\cdot + y_2 \rightarrow xy + y'$

$y\cdot + x_2 \rightarrow xy + x'$

$x'\cdot + y_2 \rightarrow xy + y'$

c) interromper a resposta: $2x, 2y \rightarrow x2, y2$

$x\cdot + y\cdot \rightarrow xy$ (produto da reação)

x· + y· + iniciação → composto inativo

$H_2 + Cl_2 \rightarrow 2HCl$; $CH_4 + Cl_2 \rightarrow$ derivados coloridos.

Reacções em cadeia ramificada

As reacções entre moléculas de O_2 e H_2 ou com hidrocarbonetos gasosos ou vapores de gasolina, isto é, a combustão na fase gasosa homogénea, também se processam através de cadeias de reação. No entanto, caracterizam-se pelo facto de, em algumas fases elementares da propagação da cadeia, se formarem 2 átomos ou 2 radicais e não apenas um, como na reação com cadeias rectas. Cada um dos átomos ou radicais formados pode dar origem ao mesmo tipo de reação. Isto conduz a uma ramificação da cadeia de reação, como demonstrado por Semenov, e, consequentemente, a uma rápida aceleração da reação que, nestas condições, assume a forma de uma explosão. Um exemplo é a reação entre o hidrogénio e o oxigénio quando a mistura é aquecida por uma faísca ou chama:

$H_2 + . O_2 \rightarrow H_2 O$.

a) de iniciação: H_2 e . $O_2 \rightarrow \cdot OH + H\cdot$;

b) propagação: $H\cdot + O2 \rightarrow \cdot OH + O\cdot \cdot OH + H_2 \rightarrow H_2 O + H\cdot$

$O + H_2 \rightarrow \cdot OH + H\cdot$

c) interrupção: ·H; ·OH - estabiliza Cálculos cinéticos confirmam este mecanismo e explicam o fenómeno dos limites de explosão.

Limites de explosão. Acompanhando a velocidade de reação de uma mistura de reagentes, de uma determinada composição, a uma determinada temperatura, mas a diferentes pressões, verifica-se que a baixas pressões a reação é lenta. Mantendo a temperatura constante e aumentando a pressão, atinge-se um valor a partir do qual a explosão é desencadeada. Este é o limite inferior de explosão, denotado por L_1 . A uma pressão mais elevada, observa-se um retorno da velocidade de reação a valores baixos. A pressão que corresponde a esta transição da explosão para a reação lenta é designada por limite superior de explosão L_2 . Em muitos casos, observou-se que, a pressões muito elevadas, a explosão voltou a ocorrer. Isto acontece sobre o 3º limite L_3 . Repetindo as medições a outra temperatura, encontra-se a deslocação dos limites de explosão. A baixas temperaturas a explosão não ocorre de todo, e a altas temperaturas existe apenas um limite. Ao elevar a temperatura até uma determinada pressão, atinge-se a curva que delimita a zona da explosão da zona da reação lenta, a uma temperatura conhecida como temperatura de ignição.

Para além da temperatura e da pressão, o aparecimento da explosão é também determinado pela composição. Os limites de composição entre os quais a explosão ocorre são chamados de limites de ignição. Os limites de explosão foram interpretados quantitativamente pelo mecanismo ramificado destas reacções. A reação só se processa de forma explosiva quando o número de reacções de propagação por unidade de tempo excede largamente o número de reacções de quebra de cadeia. A reação prossegue calmamente quando o número de reacções de iniciação é igual, na unidade de tempo, ao número de reacções de terminação.

II.3. Corrosão e projeção anticorrosiva

A corrosão é a destruição da matéria em geral e dos metais em particular, em resultado de reacções químicas ou electroquímicas que ocorrem quando estes interagem com o ambiente. A destruição por corrosão é um processo natural porque os metais se encontram numa forma processada e, por essa razão, têm um nível de energia elevado. Por conseguinte, apresentam uma tendência natural para regressar de um estado de energia mais baixo, ou seja, à sua forma natural de combinações metálicas em minérios

A destruição por corrosão é imensa, a perda anual de metais é muito elevada. Esta enorme perda de metais demonstra a necessidade imperiosa de estudar sistematicamente as causas dos processos de corrosão, de modo a reduzi-los através de processos de proteção adequados. A corrosão dos metais pode ser provocada pelo O2 do ar atmosférico, por diversos gases industriais, pela água, pelo solo e até por microrganismos, microbiologicamente. De acordo com o mecanismo do processo de corrosão, distinguimos: corrosão química e corrosão eletroquímica.

II.3.1. Corrosão química

Corrosão química - representa o processo de destruição dos metais, na sequência das reacções químicas que ocorrem quando estes entram em contacto com um gás seco ou com meios electrolíticos contendo agentes químicos agressivos. Exemplos típicos de corrosão química são os processos de oxidação de metais numa atmosfera seca, bem como a formação de cloretos, brometos, iodetos e sulfetos, se o agente corrosivo for o cloro, o bromo, o iodo ou o enxofre.

II.3.1.1. Oxidação de metais em atmosfera seca

Numa atmosfera seca, a corrosão é puramente química e limita-se à formação de uma camada superficial de óxidos que afecta apenas o aspeto exterior da superfície metálica sem influenciar demasiado as propriedades mecânicas.

$$XMe + y\ O_{22} \leftrightarrow MeXOy$$

a) **Termodinâmica da reação.** O significado desta reação depende do tamanho da pressão parcial de O_2 e da tensão de dissociação do óxido metálico a uma dada temperatura. $P_{o2} > P_{mexoy}$, então o processo termodinâmico é possível. Se $P_{o2} < P_{mexoy}$, então o processo termodinâmico é impossível, e se as 2 pressões são iguais, então o equilíbrio termodinâmico é estabelecido.

P_{o2} no ar atmosférico à pressão normal é constante $P_{o2} = 0,2$ atm, então significa que numa atmosfera limpa são termodinamicamente possíveis as reacções de oxidação que conduzem à formação de óxidos com uma pressão de dissociação inferior a 0,2 atm.

A Pmexoy é estudada e tabelada. Para reduzir a atividade dos metais contra o O_2 e para reduzir os óxidos, deve ser assegurada uma pressão parcial de O_2 inferior à pressão de dissociação do óxido à respectiva temperatura. Estas condições são mantidas para atenuar a corrosão durante o tratamento térmico das ligas nas condições de utilização de meios protectores.

b) **Cinética da reação**. Dependendo da taxa de crescimento das películas formadas durante a oxidação na atmosfera, os metais podem oxidar-se de acordo com uma lei linear, parabólica ou logarítmica.

Lei linear - os metais que não podem formar películas protectoras, quer porque não são contínuos, como os metais alcalinos, quer porque os produtos de oxidação são isolados, como acontece no caso do tungsténio, vanádio, ósmio e irídio, oxidam segundo uma lei linear.

$dy/dt = k$, y - espessura da película, t - tempo de oxidação, k - constante de reação; $dy=kdt \Rightarrow y=kt+C \rightarrow y-kt$

De acordo com a mesma lei, as ligas com um elevado teor de metais deste grupo também oxidam.

A lei parabólica - no caso de muitos metais, sobre os quais a oxidação química produz películas contínuas, a corrosão diminui com o tempo, com o aumento da espessura da película. Experimentalmente, verificou-se que o ferro, entre 500-1100° C, o cobre, entre 1000-1300° C, o níquel no ar atmosférico corrói-se com uma velocidade inversamente proporcional à espessura da película.

$dy/dt=k'/y$; $ydy=k'dt \Rightarrow y^2/2=k't + C' \Rightarrow y^2 =2k' + 2C' \rightarrow y^2-kt + C \Rightarrow y^2 - kt$; $y^n = kt$, $n \neq 2$, $1 \leq n < 3$

De acordo com esta lei, observa-se a corrosão química de muitos metais a altas temperaturas. Este grupo inclui também outros metais, tais como: cobalto, manganês, perílio, zinco, titânio.

A lei logarítmica - alumínio, crómio, silício e zinco a várias temperaturas, assim como os metais a baixas temperaturas oxidam mais dificilmente que os metais anteriores sendo protegidos com grande rigor pelas películas.

A oxidação dos metais obedece à lei logarítmica, $dy/dt=k/ey \Rightarrow eydy=kdt \Rightarrow y=\ln t$. Admite-se que a intensa inibição da corrosão se deve a algumas causas adicionais como o agravamento da condutividade, a redução por difusão da película, a compactação da película.

Os metais deste grupo produzem as películas mais resistentes ao calor, razão pela qual são utilizados como aditivos para obter aços refractários. A platina, a prata e o potássio praticamente não se oxidam numa atmosfera seca, mesmo à temperatura de fusão do metal. A classificação dos metais após o crescimento da película de corrosão não é estritamente rigorosa, porque dependendo da temperatura, da concentração dos reagentes, da duração da corrosão, o metal pode comportar-se de acordo com leis diferentes.

Em geral, os metais, a baixas temperaturas, comportam-se de acordo com a lei logarítmica, e a altas temperaturas de acordo com a lei parabólica. Para estabelecer a lei de crescimento da película, para um caso específico, constrói-se um gráfico y=f(t) com a ajuda de dados experimentais e, dependendo dos resultados obtidos: uma linha reta, uma curva **parabólica** ou logarítmica, o metal corrói-se de acordo com uma ou outra lei.

O processo de corrosão é influenciado por factores internos e externos. Os factores internos têm em conta a natureza do metal, a sua estrutura e composição, o estado da superfície metálica.

Factores externos - a velocidade de movimento do agente corrosivo, a temperatura, a composição do ambiente que interage com o metal.

Factores internos - que têm em conta a natureza, a estrutura e a composição do metal ou da liga, o estado da sua superfície. Na prática, a velocidade de corrosão é expressa sob a forma de um índice de corrosão denominado velocidade média de corrosão, k=m/sτ g/m2h, em que m-massa do metal expressa em gramas, s-área da superfície, τ-tempo de oxidação em horas.

Uma caraterística da corrosão física é o facto de os produtos de corrosão permanecerem no ponto de contacto com o ambiente agressivo sob a forma de películas de diferentes espessuras.

c) **Películas oxidadas**. Apreciam-se, como películas finas, aquelas cuja espessura está compreendida entre a espessura de uma camada monomolecular e 400Ǻ. Estas películas são invisíveis a olho nu e formam-se na superfície do alumínio ou na superfície do mercúrio numa atmosfera seca.

As películas são médias, pois a sua espessura situa-se entre 400-5000 Ǻ. Estas películas não são visíveis a olho nu, mas podem ser vistas através dos efeitos de interferência da luz que aparece colorida. As películas espessas são visíveis a olho nu e têm espessuras superiores a 5000 Å.

Para que a película de corrosão seja capaz de proteger o metal contra a corrosão, deve apresentar as seguintes propriedades

- para aderir bem ao metal;

- para ser contínuo;

- à prova de água;

- apresentar um coeficiente de dilatação térmica igual ao do metal de base e apresentar uma espessura média.

Em geral, as películas finas não têm resistência mecânica suficiente, e as películas espessas fissuram devido a tensões internas. Relativamente às películas de óxido, os investigadores Pilling e Bedworth mostraram que aquelas que têm um volume superior ao volume do metal de onde provêm podem ser contínuas. Se o volume do óxido produzido for inferior ao do metal que gera a película, esta fissura, deixa de ser contínua e deixa de ser protetora. Assim, dividem os metais em 2 grupos, de acordo com o valor da superunidade e da subunidade da relação entre o volume molar do óxido e o volume de um grama de átomo do metal corroído. Este rácio, também chamado coeficiente de expansão, é expresso pela relação: $V / V = M_{oxideMeoxid} - \rho / nA_{MeMe} - \rho_{oxide}$, em que V_{oxide} - o volume molar do óxido, V_{Me} - o volume de um grama de átomo de metal, $_{Moxide}$ - a massa molecular do óxido, ρoxide , ρ_{Me} - a densidade do óxido, do metal, A_{Me} - a massa atómica do metal, n - o número de átomos de metal na molécula de óxido.

O primeiro grupo em que o valor da relação é subunitário inclui os metais alcalinos e alcalino-terrosos e a película formada não tem propriedades protectoras. Estes metais corroem, para uma dada temperatura, a uma taxa constante.

O segundo grupo, onde o valor da relação é superior à unidade, inclui metais como: alumínio, cobre, níquel, caracterizados por propriedades protectoras significativas. $1 < V / V_{oxideMe} < 2{,}5$. A película mais resistente à oxidação é formada pelo óxido de alumínio (Al O_{23}). No caso de uma liga, a oxidação dependerá da atividade química dos seus componentes em relação ao O_2 .

Por exemplo, no caso da liga Ni-Cr, sendo o crómio muito mais oxidável do que o Ni, após a corrosão, a camada superficial da liga será pobre em crómio, mas o metal será protegido posteriormente pela película contínua e impermeável de óxido de crómio.

II.3.2. Corrosão em combustíveis líquidos e óleos lubrificantes

Este tipo de corrosão tem grande importância prática. Os principais componentes do óleo: alcanos, cicloalcanos, hidrocarbonetos aromáticos, no seu estado puro, são completamente inactivos contra todos os metais, incluindo os alcalinos. Na presença de certas quantidades de água, especialmente quando estão presentes certos sais, o óleo ataca electroquimicamente os metais.

Uma série de derivados de enxofre estão dissolvidos nos hidrocarbonetos do petróleo bruto e as substâncias sulfurosas são agentes agressivos. As substâncias sulfurosas frequentemente encontradas no petróleo são o sulfureto de hidrogénio, os mercaptanos, os sulfuretos de alquilo, os dissulfuretos, o tiofeno, bem como o enxofre elementar.

Nas instalações de craqueamento e nos tanques de armazenamento de produtos petrolíferos, quando se processa petróleo bruto com teor de enxofre, na presença de água, verificam-se importantes destruições corrosivas. A água do petróleo contém sais e sulfureto de hidrogénio. Entre estes, o cloreto de magnésio representa o maior perigo. Através da hidrólise do cloreto de magnésio, forma-se ácido clorídrico, de acordo com a reação:

$$MgCl_2 + 2H_2 O = MgClH_2 +2HCl,$$

que corrói todos os metais técnicos

Os óleos lubrificantes puros não atacam os metais. Nestes casos, os agentes agressivos dos óleos são as impurezas e, em particular, os produtos de oxidação dos óleos, os peróxidos orgânicos, enquanto a acidez do ambiente não exerce uma ação determinante sobre a corrosão.

II.3.2.1. Corrosão eletroquímica

a. **O mecanismo de reação**.

Um sistema de corrosão eletroquímica, metal-solução agressiva, caracteriza-se pela existência de uma corrente eléctrica gerada pelos processos electroquímicos que ocorrem no limite de separação metal-solução. Alguns investigadores afirmaram que este processo representaria, de facto, o resultado do funcionamento de algumas células galvânicas, também designadas por células locais de dimensões microscópicas que se formariam na superfície do metal em contacto com meios agressivos. Por outras palavras, a superfície de um metal apresentaria inicialmente zonas com potenciais químicos diferentes: zonas com potencial mais eletronegativo (zonas anódicas) e zonas com potencial mais eletropositivo (zonas catódicas). Em contacto com o meio agressivo, as zonas anódicas dissolvem-se e os iões resultantes difundem-se na solução.

Os electrões que surgem após o processo anódico circulam através do metal e, nas zonas catódicas que permanecem incólumes, participam na reação de redução eletroquímica.

O papel particularmente importante que a teoria das pilhas locais tem na explicação dos fenómenos de corrosão eletroquímica levou alguns autores a afirmar que a verdadeira causa da corrosão eletroquímica é a existência de pilhas galvânicas. Isto significaria que uma superfície metálica perfeitamente homogénea deveria ser quimicamente estável. Esta conclusão é contrariada pela prática. As amálgamas alcalinas puras, cuja superfície é perfeitamente homogénea, decompõem-se em contacto com a água.

$$NaxHg + H_2\,O \rightarrow NaOH + xHg + .\ H_2\ .$$

A verdadeira causa subjacente a todos os processos de corrosão eletroquímica é a tendência da maioria dos metais para entrar em solução sob a forma de iões quando entram em contacto com um eletrólito, enquanto o mecanismo das correntes locais deve ser visto como uma das formas possíveis, da maior importância prática, no desenvolvimento e aceleração da corrosão.

Em geral, qualquer metal com um potencial de descarga mais negativo do que o do hidrogénio, em contacto com uma solução aquosa, retira o protão da solução, sob a forma de hidrogénio:

$$Me + xH^+ \leftrightarrow Me^{n+} + n/2\ H_2\ ;$$

$$Me - ne \rightarrow Me^n + (oxidare);\ nH^+ + ne \rightarrow n/2H_2\ (reducere).$$

Em vez de protões, o oxigénio dissolvido na solução com a qual o metal entra em contacto pode participar no processo de redução. ácidos: $4H^+ + O_2 + 4e \rightarrow 2H_2\ O$; neutros: $O_2 + 4H^+ + 4e \rightarrow 4OH^-$.

O processo de corrosão eletroquímica ocorre na superfície do metal sob a forma de 2 reacções de elétrodo: um processo anódico e um processo catódico. Estas reacções ocorrem simultaneamente com a participação de um número igual de electrões.

b. **Termodinâmica da reação.**

$$Cu + H_2\ O + .\ O_2 \rightarrow Cu(OH)_2\ , \Delta G^o_{298} = -28{,}6\ cal/mol$$

$$2Au + 3H_2\ O + 3/2\ O_2 \rightarrow Au(OH)\ ,\ \Delta G_3{}^o{}_{298} = 15{,}7\ cal/mol$$

De um ponto de vista eletroquímico, a possibilidade de um metal se dissolver numa solução agressiva pode ser expressa com a ajuda da força eletromotriz, E, do elemento galvânico no qual tem lugar a reação de corrosão anódica e catódica, de forma reversível. A ligação entre ΔG^o e E é dada pela relação: $\Delta Go = -nFE$, em que a força eletromotriz dos elementos galvânicos, constante F de Faraday, permite que o número de electrões que participam numa reação resulte em que a possibilidade de desenvolver reacções de corrosão será tanto maior quanto maior for a força eletromotriz do elemento galvânico.

A força eletromotriz de um elemento galvânico representa a diferença entre os potenciais de 2 eléctrodos:

$E = \varepsilon k - \varepsilon r$, $\Delta G^o = -nF[(\varepsilon k)_{ech} - (\varepsilon r)_{ech}]$, $\Delta Go<0 = -nF[(\varepsilon k)_{ech} - (\varepsilon r)_{ech}]<0 \Rightarrow -[(\varepsilon k)_{ech} - (\varepsilon r)_{ech}]<0 \Rightarrow (\varepsilon k)ech<(\varepsilon r)_{ech}$. (1.101)

O processo de corrosão eletroquímica é termodinamicamente possível se o potencial reversível do metal na solução dada for mais eletronegativo do que o potencial reversível de um agente oxidante, a partir da mesma solução, o que pode ser deduzido. O resultado obtido permite apreciar apenas a tendência de corrosão do metal porque a termodinâmica não pode fornecer dados sobre a velocidade efectiva e sobre o mecanismo de corrosão.

Por exemplo, o alumínio, cujo potencial de elétrodo tem valores negativos e, consequentemente, é termodinamicamente corroível, é, no entanto, um material anticorrosivo devido à película de óxido, que lhe confere qualidades protectoras.

O potencial de elétrodo, que surge quando um metal é introduzido numa solução que contém os seus iões, é expresso pela relação de Nernst:

$$\varepsilon_{Me} = \varepsilon^o_{Me} + RT/nF \, \text{-lnaMen}^+, \quad (1.102)$$

em que ε - potencial do elétrodo, ε - potencial contra o padrão metálico a 25° C, na solução dos seus próprios iões, com atividade igual à unidade, R - constante universal dos gases, T - temperatura termodinâmica, F - constante de Faraday, n - valência do ião metálico, aMen+ - atividade dos iões metálicos na solução.

Diagramas de equilíbrio eletroquímico. Como resultado de um processo de corrosão eletroquímica, podem formar-se produtos solúveis ou insolúveis. Estes últimos têm um papel importante na proteção anticorrosiva, uma vez que podem formar camadas aderentes com propriedades protectoras na superfície do metal. Neste sentido, um papel especial é desempenhado pelos óxidos e hidróxidos metálicos que se podem formar quando o metal entra em contacto com o oxigénio. O produto de solubilidade é de particular importância.

$PMe(OH)_2$ = $(aMe^{2+})sat * (aOH)^{-2}$; $(aMe^{2+})sat=PMe(OH)_2 /(aOH)^{-2}$, esta atividade depende da atividade da água.

O produto iónico da água: $Ph2o=ah3o^{+} + aoh^{-}$; $aoh^{-} =Ph2o/ah3o$; $(Ame^{2+})sat=Pme(oh)2/Ph2o * (ah3o)^2$

O valor dos diagramas de equilíbrio eletroquímico consiste no facto de delimitarem teoricamente os domínios em que um metal é resistente à corrosão, quer porque não pode enviar iões para a solução, quer porque se tornou passivo.

c. **Cinética da reação**. As reacções de corrosão eletroquímica como processos de eléctrodos têm lugar no limite das duas fases, metal-solução, e incluem várias etapas: o transporte do agente corrosivo para a superfície de reação, a reação no limite da fase e o transporte dos produtos da reação para o volume da solução. A velocidade global do processo é determinada pela velocidade da fase mais lenta. Por exemplo, na corrosão de metais em ambientes ácidos, o fator determinante é a velocidade da reação no limite da fase.

Em geral, a velocidade de corrosão é tanto maior quanto maior for a força eletromotriz, quanto menor for a resistência e quanto mais rapidamente os produtos resultantes das reacções electroquímicas de corrosão forem removidos por dissolução ou libertação. A estagnação dos produtos de corrosão na superfície metálica pode produzir fenómenos de polarização, que reduzem a diferença de potencial e, por conseguinte, reduzem ou param a corrosão do metal.

A polarização é definida como a diferença entre o potencial de equilíbrio de um elétrodo e o potencial real. O resultado prático da polarização é a travagem intensa da corrosão, podendo a sua velocidade diminuir dezenas e centenas de vezes em relação ao valor inicial.

A polarização encontrada nas reacções electroquímicas é de 2 tipos:

- polarização de concentração (difusão);

- polarização de ativação (eletroquímica).

A polarização da concentração é devida à diminuição da concentração de iões em torno do cátodo após um processo de redução ou ao aumento da concentração de iões em torno do ânodo através da sua dissolução. O resultado das mudanças na concentração é realizado movendo o potencial para a gama negativa, respetivamente positiva, em comparação com o valor do potencial de equilíbrio.

A polarização de ativação é causada pelo próprio processo do elétrodo, para o desenvolvimento do qual é necessária energia adicional. O valor da polarização de ativação é particularmente importante no caso de reacções de eléctrodos em que participam o hidrogénio e o oxigénio.

O processo de corrosão eletroquímica é influenciado por factores internos e externos que podem atuar em simultâneo ou separadamente.

Factores externos: pH da solução; composição química do meio agressivo; temperatura; intensidade da agitação ambiental; correntes de dispersão.

Factores internos: a natureza do metal e a sua estrutura; estado das superfícies metálicas; deformações e tensões internas do metal. Uma vez que a influência resultante de um grande número de factores é difícil de prever, na prática procura-se estabelecer relações empíricas. Com base nos dados experimentais, podem ser construídos 2 tipos de curvas: perda de peso (y), tempo (t) e taxa de corrosão (dy/dt). Y=f(t) - espessura da película em função do tempo.

Os principais tipos de curvas de corrosão no tempo foram estabelecidos por Akimov e seus colaboradores.

II.3.2.2. Fenómenos de passivação

Quando um metal apresenta, em determinadas condições, uma resistência à corrosão muito superior ao seu comportamento habitual, diz-se que o metal se encontra num estado passivo.

O estado passivo dos metais pode ser classificado, de acordo com o método pelo qual foi provocado ou de acordo com o aspeto da superfície resultante do processo, em passividade mecânica, química e eletroquímica. A passividade é considerada mecânica se, por imersão do material num meio corrosivo, se formarem na superfície do metal camadas espessas de um composto químico que protegem contra a corrosão por simples isolamento mecânico das fases. Uma experiência é a resistência química do chumbo em solução concentrada de ácido sulfúrico quando se forma uma camada de sulfato de chumbo na superfície do metal para proteger a superfície.

A passividade é considerada química, quando uma fina camada de composto químico invisível a olho nu se forma na superfície do metal e que protege o metal. Os metais podem também passar a um estado passivo sob a ação de uma corrente eléctrica externa. Sabe-se que, a uma intensidade de corrente suficientemente elevada, qualquer ânodo, no caso da eletrólise, passa a um estado passivo no processo de passivação do metal. Durante a eletrólise, adquire uma densidade de passivação anódica ou eletroquímica.

II.3.2.2.1. Classificação da passividade dos metais

A classificação da passividade dos metais em passividade química, mecânica e eletroquímica tem um carácter convencional, sendo o mecanismo do processo de passivação sempre eletroquímico. Do ponto de vista da corrosão, a passividade é um estado de elevada resistência à corrosão de metais e ligas, provocado pela redução da velocidade do processo anódico sob a ação da deslocação no sentido positivo do potencial eletroquímico.

Alguns metais, como o crómio, o alumínio, o titânio e o tântalo, são facilmente passivados por si próprios através do simples contacto com o oxigénio do ar e permanecem num estado passivo desde que a película superficial não seja danificada ou destruída. Outros metais que são mais difíceis de passivar tornam-se passivos apenas em contacto com meios fortemente oxidantes quimicamente, tais como HNO_3 , $HClO_3$, $AgNO_3$, K_2 Cr O_{27} , $KMnO_4$.

A passivação espontânea de um grande número de metais em condições atmosféricas e em contacto com diversos electrólitos permite realizar economias particularmente importantes.

Também caraterísticos deste ponto de vista são os exemplos de utilização do ferro e do alumínio em contacto com ácido nítrico concentrado, dos aços inoxidáveis em contacto com meios oxidantes, do ferro em contacto com ácido sulfúrico concentrado, do crómio e do níquel em condições atmosféricas.

Uma vez que a passivação espontânea nem sempre leva os metais ao mais alto grau de passivação, existem formas adicionais de intensificar o estado passivo. Esta baseia-se na intensificação do deslocamento no sentido positivo do potencial da liga, quer com a ajuda de uma corrente eléctrica do exterior, quer através da liga com vários componentes que têm um potencial mais eletropositivo do que os metais componentes da liga.

II. 3. 3. Tipos de corrosão

O grande número de factores que influenciam o processo de corrosão, as condições variadas em que a corrosão pode ocorrer, bem como os processos intervenientes levam à formação de vários tipos de corrosão.

1. **Corrosão uniforme (geral)** - é aquela forma de corrosão que se distribui por toda a superfície do metal, influenciando de forma insignificante as propriedades mecânicas das peças.

2. **Corrosão por pite** - é uma forma de ataque localizado em pontos limítrofes da superfície metálica que constituem apenas uma pequena parte da superfície metálica. Os agentes mais perigosos que provocam a corrosão são os iões halogéneos e o ião perclorato. Este tipo de corrosão influencia muito as propriedades mecânicas da peça, pois a resistência do conjunto depende da resistência da secção mais fraca.

3. **Corrosão intercristalina (intergranular)** - representa uma das formas mais perigosas de destruição. O ataque agressivo ocorre internamente, no limite dos cristais e resulta num agravamento pronunciado das propriedades mecânicas e anti-corrosivas. Muitas vezes, a corrosão intercristalina não altera o aspeto exterior do metal, a peça pode ser destruída inesperadamente. A tendência para a corrosão intercristalina é específica das ligas de alumínio com cobre, com manganês, bem como com aços inoxidáveis ou aços ricos em crómio.

4. **Corrosão selectiva** - ocorre quando algumas ligas entram em contacto com diferentes ambientes agressivos. O caso típico de corrosão selectiva é apresentado pelos latões ou bronzes com alumínio.

No entanto, é necessário fazer uma distinção entre a corrosão selectiva da liga, quando um único elemento de liga é atacado, e a corrosão selectiva de uma estrutura, quando se trata da destruição de um determinado componente da estrutura, ou seja, um cristal misto.

As soluções que provocam a dezincificação são soluções fracamente ácidas. A prevenção da dezincificação pode ser conseguida através de certos tratamentos térmicos ou pela produção de pequenas quantidades de astenio, fósforo ou bisnio na liga.

5. **Corrosão galvânica (por contacto).** Este tipo de corrosão pode ocorrer em todos os casos em que os metais com potenciais electroquímicos diferentes estão ligados entre si e a condutividade eléctrica é assegurada pela presença de um eletrólito.

Nestas condições, o metal menos nobre é preferencialmente dissolvido. A boa ligação condutora de eletricidade pode ser conseguida por contacto direto das superfícies metálicas ou por meio de parafusos, rebites, soldaduras.

O perigo de corrosão por contacto é particularmente elevado quando, na mesma instalação, metais leves são combinados com metais pesados, que, do ponto de vista eletroquímico, têm comportamentos diferentes. O combate a este tipo de corrosão pode ser conseguido com a ajuda de camadas protectoras ou de isolamento que entrem em contacto.

II.3.3.1. Corrosão mecanoquímica.

De acordo com a natureza das exigências mecânicas, distinguimos:

- corrosão sob tensão;

- fadiga por corrosão;

- corrosão triboquímica.

A. **Corrosão sob tensão** - consiste na destruição de um metal ou de uma liga sob a ação combinada de um agente agressivo e de uma tensão mecânica estática. Manifesta-se por fissuras inter ou transcristalinas ou mesmo por rotura da peça, pelo que é uma das formas mais perigosas de corrosão. O mecanismo inclui uma corrosão por pite e depois a propagação mecânica da fissura.

As ligas mais importantes que apresentam este tipo de corrosão são os aços inoxidáveis em soluções de cloreto, nitrato, alcalinas ou de hidróxido de amónio, ligas de alumínio na presença de iões de cloro. A prevenção deste tipo de corrosão pode ser feita através do tratamento da superfície metálica ou da alteração da composição da respectiva liga.

B. **Fadiga por corrosão**. A destruição dos metais sob a ação simultânea de esforços mecânicos periódicos e de um agente agressivo é conhecida como fadiga por corrosão. Por exemplo, os aços com elevadas percentagens de crómio, os bronzes de vários tipos, as ligas de magnésio com alumínio sofrem uma redução da sua resistência habitual de 30 a 80% quando são submetidos à corrosão na água do mar. A utilização de aços em tais condições exige que sejam protegidos com camadas de zinco, cobre, níquel.

C. **Corrosão triboquímica** - é uma consequência da ação de um agente químico agressivo e de uma tensão mecânica de fricção. A corrosão por atrito é um caso particular de corrosão triboquímica. Aparece quando as superfícies de fricção são sujeitas a cargas normais e a oscilações de baixa amplitude.

II.3.4. Método de proteção anti-corrosão

De acordo com o fator sobre o qual actua e a forma como é aplicado, podem ser classificados da seguinte forma

I a escolha de material metálico ou não metálico;

II aplicação de revestimentos protectores (depósitos metálicos, películas inorgânicas, películas orgânicas);

III o tratamento ou condicionamento do ambiente corrosivo (desarejamento, desoxigenação e adição de inibidores de corrosão);

IV a proteção eletroquímica do metal (proteção catódica e proteção anódica);

V a escolha racional do tipo de construção e do modo de funcionamento das máquinas.

A solução ideal de proteção anticorrosiva é estabelecida desde a fase de conceção das máquinas.

Os processos de corrosão são tão complexos que muitas vezes são sistematicamente aplicados a protecções combinadas que, embora à primeira vista mais caras, são preferíveis a soluções mais simples mas de curta duração.

I **A escolha do material anticorrosivo** - constitui o método radical de prevenção e combate à corrosão. O comportamento à corrosão é avaliado de acordo com os valores apresentados pela taxa de dissolução do material num determinado ambiente agressivo. As indicações existentes na literatura especializada sobre a escolha de materiais resistentes à corrosão têm um carácter indicativo. Para desenvolver uma avaliação mais adequada do seu comportamento nas condições práticas impostas, é necessário efetuar ensaios experimentais.

As soluções corretas do ponto de vista da anticorrosão são: a utilização de alumínio em condições atmosféricas; a utilização de aços inoxidáveis em ambientes oxidantes; a utilização de ferro fundido com chumbo ou silício em ácido sulfúrico. No caso da utilização de materiais metálicos, existem formas adicionais de melhorar a resistência à corrosão, tais como: processamento térmico e processamento mecânico. Assim, através da têmpera, o grau de homogeneidade de algumas ligas aumenta e, implicitamente, a resistência à corrosão aumenta. Também se obtêm bons resultados através do tratamento fino das superfícies. Quando estes métodos não dão resultados satisfatórios, é necessário proceder à liga do respetivo metal.

II **Aplicação de revestimentos protectores** - de acordo com a natureza das camadas protectoras, estas podem ser: metálicas, inorgânicas e orgânicas. As camadas metálicas podem ser obtidas por diferentes processos, tais como: galvanização, metalização, difusão, imersão em metal fundido, galvanização.

Galvanização - consiste na deposição de uma ou mais camadas metálicas sucessivas. É feita por eletrólise de soluções aquosas contendo o ião metálico protetor. A peça de revestimento constitui o cátodo, e o ânodo pode ser feito de um material inerte ou do metal a depositar.

Os revestimentos galvânicos mais importantes são: zincagem, cadmiagem, niquelagem, cromagem, cobreagem, estanhagem.

Metalização - consiste na aplicação do metal de proteção, em estado fundido e pulverizado, sobre a superfície que se pretende proteger. A metalização é efectuada com o auxílio da chama de oxiacetileno na qual se funde um fio do metal a depositar, sendo a pulverização efectuada com ar comprimido. É utilizada para revestir tanques ou grandes máquinas, ou para restaurar as superfícies desgastadas de peças. Na indústria química, o ferro é metalizado com chumbo, alumínio ou aço inoxidável.

Difusão - consiste em tratar a superfície de um metal com um metal protetor. Assim, através da difusão do alumínio, o ferro, o ferro fundido e o aço ficam cobertos por uma camada superficial formada por uma solução sólida contendo 20-30% de Al, que apresenta uma boa resistência à corrosão.

O processo de recobrimento do ferro com alumínio, por difusão, chama-se alliting, com crómio chama-se termocromagem.

Imersão em metal fundido - geralmente é feita para cobrir o ferro com um metal que tem um ponto de fusão mais baixo, por exemplo, chumbo, estanho, zinco. A canalização a quente é utilizada na indústria química para proteger agitadores, torneiras, bombas antiácidos e a estanhagem é muito utilizada.

Revestimento - consiste na prensagem ou laminagem a quente de 2 metais diferentes. O metal a revestir é vertido para um molde revestido com metal de proteção, após o que é laminado. É assim que se obtêm placas, barras ou fios bimetálicos. Para os equipamentos da indústria química, o aço é por vezes revestido de níquel ou de aço cromo-níquel. As ligas de alumínio são revestidas com alumínio puro. Películas inorgânicas. São obtidas por oxidação, fosfatação, esmaltagem.

Oxidação - consiste na formação de uma película de óxido metálico na superfície do metal, sob a ação do ar. Muitas vezes, a camada de óxido natural cresce quando o metal é submetido a tratamentos especiais com oxidantes fortes ou electroquimicamente.

Fosfatação - consiste na formação, na superfície de objectos metálicos, de uma película protetora constituída por fosfato do respetivo metal. Isto é feito através da introdução do metal em soluções ácidas de fosfatos de ferro, zinco ou manganês.

Esmaltagem - consiste na deposição de camadas opacas de silicatos sobre a superfície do metal. O esmalte deve ter um coeficiente de dilatação próximo do coeficiente de dilatação do metal sobre o qual é depositado, caso contrário, surgem fissuras quando a temperatura muda.

Na indústria química, é utilizado um esmalte especial com propriedades antiácidas para proteger as máquinas.

Películas orgânicas - formam um isolante entre o metal e o ambiente corrosivo. Devem ser adesivas, contínuas e à prova de água. As películas formadas por vernizes e tintas são os revestimentos protectores não metálicos mais importantes.

As tintas são constituídas por substâncias **formadoras de película**, com vários aditivos, dissolvidas em solventes adequados, que são aplicadas na superfície a proteger. Os vernizes são utilizados para cobrir equipamentos químicos, construções metálicas, tubagens, bens de consumo. São compostos macromoleculares, que apresentam um certo grau de polimerização. São utilizados vernizes de baquelite, vernizes à base de resinas epoxídicas, vernizes à base de polímeros.

Os plásticos e as borrachas têm conseguido uma grande expansão na proteção anti-corrosão. Os tanques para o transporte de ácido clorídrico são construídos com chapa de aço com borracha.

III Condicionamento do meio corrosivo. A influência do meio agressivo sobre a corrosão é complexa, porque muitos factores podem intervir simultaneamente: a natureza e a concentração do agente agressivo, o pH do meio, a influência da temperatura e da pressão.

O tratamento do ambiente para reduzir a sua natureza agressiva conduz, em muitos casos, a uma diminuição considerável da taxa de corrosão. Isto pode ser conseguido através de uma série de possibilidades tecnológicas: alteração do pH, remoção de gases que aumentam a taxa de corrosão, utilização de inibidores e passivadores.

Os inibidores são substâncias que, adicionadas ao meio corrosivo, em quantidades muito pequenas, reduzem ou mesmo param a corrosão dos metais.

Cromatos, hidróxidos, carbonatos, reduzem a taxa de corrosão do ferro e de outros metais.

Os passivadores actuam sobre o metal alterando o seu potencial em relação à solução em que é introduzido. A adição de um cromato a um eletrólito passiviza o ferro.

IV Proteção eletroquímica. Consiste em reduzir a taxa de corrosão das construções metálicas, polarizando-as. Os domínios de potencial, nos quais um metal pode ser protegido electroquimicamente, estão indicados nos diagramas de equilíbrio eletroquímico. Correspondendo aos domínios da imunidadc c da passividade, um metal pode ser protegido electroquimicamente quer deslocando o potencial para valores suficientemente negativos - proteção catódica, quer deslocando o potencial para valores suficientemente positivos - proteção anódica.

A proteção catódica consiste na transformação da peça a proteger num cátodo em relação a um metal menos nobre que é consumido. Este metal pode ser uma barra de zinco ou de magnésio. Ao inserir uma chapa de zinco numa caldeira de vapor, como resultado do par galvânico resultante, a ação corrosiva do ambiente é dirigida para o zinco e as paredes da caldeira de aço são protegidas. Da mesma forma, para a proteção de um tanque de aço enterrado, um condutor metálico pode ser ligado a uma barra de zinco implantada no solo. A proteção anódica baseia-se na transição dos metais do estado ativo para o estado passivo com base na deslocação de potencial, através da polarização anódica de uma fonte de corrente externa.

A aplicação da proteção anódica na indústria química ganhou uma vasta gama de materiais de construção para máquinas químicas, vários aços inoxidáveis e titânio, que é facilmente passivado em muitos ambientes.

V A escolha racional do tipo de construção e do modo de funcionamento das máquinas.

As medidas de proteção neste caso estão intimamente relacionadas com os factores de corrosão que actuam por parte do metal, dos líquidos ou das condições de funcionamento físico-químicas. O carácter heterogéneo das superfícies metálicas é o principal fator de intensificação da corrosão que actua do lado da fase metálica.

Durante a realização de construções metálicas, existem contactos de metais de diferentes naturezas, juntas de soldadura, bem como várias partes tensionadas. Ao entrarem em contacto com as soluções electrolíticas, estas partes corroem mais intensamente do que o resto da construção metálica, pelo que as medidas de proteção anticorrosão devem começar com a instalação do equipamento, utilizando materiais de construção compatíveis.

Se, por razões de resistência mecânica, o contacto de 2 metais não puder ser evitado, a destruição pode ser prevenida por algumas alterações construtivas, tais como o isolamento dos 2 metais com materiais não condutores; depósitos metálicos mais electronegativos do que ambos os metais do contacto; a utilização de alguns artifícios de construção na junta de modo a evitar o contacto dos 2 metais diferentes com o ambiente de corrosão.

Durante o tempo de paragem das máquinas, as partes côncavas de alguns agregados que não trabalham durante certos períodos de tempo corroem devido à humidade da atmosfera. Nestes casos, recomenda-se a secagem completa do agregado, recomendando-se também a galvanização das porções superficiais com funções predominantemente catódicas. Na montagem dos metais de construção, ter-se-á em conta que as juntas devem ser tão contínuas quanto possível e não em ângulos rectos.

Relativamente às condições de funcionamento, é necessário manter condições de trabalho tão uniformes quanto possível, para evitar, tanto quanto possível, a alternância de ambientes oxidantes e redutores, ácidos e bases, quentes e frios, mesmo que o metal utilizado seja considerado resistente nas respectivas condições de corrosão.

II.4. Lubrificante

Existem substâncias que se interpõem entre as superfícies de contacto com o objetivo de reduzir o atrito, para que o seu desgaste seja mínimo e para que não haja um aumento excessivo da temperatura. Para além de reduzir o atrito, dependendo do local concreto de lubrificação, o lubrificante tem também outras funções de grande importância técnica. Assim, no caso dos motores de combustão interna, o lubrificante contribui também para: a remoção do calor resultante da combustão e do atrito; a proteção anticorrosiva contra o oxigénio atmosférico, a humidade, bem como contra os produtos de combustão; a estanquidade dos pistões nos cilindros; a remoção dos compostos de combustão dos cilindros, produtos que contribuem para a formação de coque e para o desgaste das peças; a prevenção da entrada de partículas de material estranho na chumaceira.

A lubrificação consiste na interposição de uma camada de lubrificante entre as superfícies de contacto das peças da máquina, que em funcionamento estão em movimento relativo e pressionam umas contra as outras. Assim, o atrito seco entre as superfícies é substituído pelo atrito fluido no interior da camada de lubrificante. Esta deve ser suficientemente espessa para cobrir a rugosidade das superfícies. Quanto mais lisas forem as superfícies, mais fina será a camada de lubrificante. A formação e manutenção das películas de lubrificante depende das suas propriedades físico-químicas e reológicas, bem como das condições de funcionamento do betão. As regiões de lubrificação são casos concretos de como o lubrificante desempenha a sua tarefa principal, de separar as superfícies metálicas de modo a minimizar o atrito e o desgaste. As principais regiões de lubrificação são as regiões fluidas, semi-fluidas e secas, mas também são possíveis situações intermédias como o sistema de lubrificação mista.

Os lubrificantes habituais, de acordo com o seu estado físico, dividem-se em: óleos lubrificantes; massas espessas; lubrificantes sólidos; lubrificantes gasosos.

Teoria da lubrificação hidrodinâmica. Pressupõe a existência de uma película lubrificante contínua que separa completamente as camadas em movimento, mas não exclui a existência de películas lubrificantes aderentes às 2 superfícies, películas essas que não se desprendem de nenhuma das superfícies de atrito durante o movimento. A camada separadora de lubrificante é constituída por uma área central, n, delimitada por 2 outras áreas periféricas m_1 , m_2 .

A película de absorção, m1, terá velocidade de eixo 1, e a película m_2 , terá velocidade w_2 =0. Entre as 2 películas de absorção, existe a zona n, onde o escoamento é laminar e aqui se localiza o atrito do fluido no interior da camada lubrificante. $\mu = \eta$ W/h P_m , onde μ-o coeficiente de atrito, η - viscosidade dinâmica do lubrificante, h - a espessura da camada lubrificante, P_m - a pressão máxima exercida sobre as superfícies com as quais entram em contacto, W- a velocidade de deslocação.

A teoria untuosa da unção. A formação entre as superfícies de fricção também pode ser explicada com base na estrutura das moléculas de lubrificante e na sua orientação na camada de lubrificante. As moléculas têm uma estrutura assimétrica e polar, uma vez que as cargas eléctricas estão distribuídas de forma desigual na molécula. Devido à polaridade, as moléculas são orientadas com uma extremidade para a superfície do metal e a outra extremidade para o interior. Esta ação de orientação é mais acentuada nas moléculas que contêm grupos funcionais activos.

Na superfície metálica, as moléculas estão orientadas com o grupo polar na direção do metal e o grupo não polar na direção do interior, e a camada seguinte de moléculas está orientada no sentido inverso.

A camada metálica formada e fixa é designada por camada limite. Na camada limite, as moléculas estão orientadas paralelamente umas às outras, mas perpendicularmente à superfície metálica. Entre as duas camadas existe uma região de orientação das moléculas na direção da deslocação das superfícies. Esta orientação confere uma flexibilidade pronunciada às camadas limite, e a fricção ocorre entre os resíduos de hidrocarbonetos das moléculas de lubrificante.

Óleos lubrificantes minerais. Os óleos lubrificantes são produtos que contêm maioritariamente óleo mineral e óleos sintéticos com a adição que lhes confere determinadas propriedades. Os óleos minerais são obtidos a partir de produtos petrolíferos e os óleos sintéticos são obtidos a partir de diferentes substâncias através da reação de polimerização e condensação. Obtenção de óleos minerais. Obtém-se por destilação em vácuo do petróleo leve, sendo um resíduo da destilação atmosférica do petróleo bruto para obter a gasolina, o petróleo de iluminação e o gasóleo. A gasolina contém hidrocarbonetos com um peso molecular elevado e uma estrutura complexa.

De acordo com a natureza dos hidrocarbonetos incluídos no seu componente, distinguimos: fuelóleo parafínico, com um elevado teor de alcanos líquidos e sólidos; fuelóleo de nafta, no qual predominam os hidrocarbonetos cíclicos saturados; fuelóleo não parafínico, com um elevado teor de hidrocarbonetos aromáticos.

A qualidade dos óleos obtidos depende tanto das caraterísticas do combustível processado como do processo tecnológico utilizado para a sua obtenção. A destilação do fuelóleo é efectuada em instalações com funcionamento contínuo, sob vácuo e na presença de vapor de água sobreaquecido. A destilação à pressão atmosférica exigiria temperaturas elevadas, o que levaria a uma decomposição acentuada dos hidrocarbonetos e, por conseguinte, à deterioração da qualidade dos óleos obtidos. A destilação do fuelóleo é efectuada em 2 variantes:

1) o fuelóleo é submetido a uma destilação, obtendo-se fracções de petróleo bruto, que são depois submetidas à operação de refinação;

2) o combustível é submetido a uma destilação preliminar para separar o gasóleo residual do óleo. O óleo assim obtido é refinado e depois destilado no vácuo para obter diretamente as fracções de óleo refinado. Por razões económicas, a primeira opção é preferível, uma vez que inclui o acoplamento da instalação de destilação atmosférica com a instalação de destilação sob vácuo.

Refinamento de óleos lubrificantes minerais

Para poderem ser utilizados, os óleos minerais brutos devem ser purificados - refinados. A refinação visa retirar dos óleos uma parte dos hidrocarbonetos aromáticos, hidrocarbonetos insaturados, substâncias asfalto-resinosas e compostos com enxofre, azoto ou oxigénio. A sua presença nos óleos é prejudicial, porque através da sua oxidação, a acidez aumenta, e através da polimerização, formam-se gomas. A refinação do óleo é feita por vários métodos: com ácido sulfúrico, com solventes selectivos, hidrorefinação.

A refinação com ácido sulfúrico leva à eliminação dos hidrocarbonetos aromáticos, dos hidrocarbonetos insaturados e dos compostos básicos com azoto na molécula. Os compostos básicos com azoto são os mais fáceis de eliminar, transformando-se em sulfatos e dissolvendo-se no alcatrão ácido.

O óleo refinado é tratado, sob agitação, com ácido sulfúrico num recipiente de reação, revestido com folha de chumbo, e depois fica em repouso até se separarem duas camadas. O óleo libertado pelo alcatrão ácido é neutralizado com uma solução de carbonato de sódio, depois lavado com água e seco por sopro de ar e ligeiro aquecimento

Solvência. É especialmente aplicado para remover parte dos hidrocarbonetos aromáticos, em alguns casos, uma ligeira desparafinação também é necessária. Como solventes selectivos utilizam-se o furfural, o fenol, a mistura de propano, fenol e crosóis, bem como o dióxido de enxofre líquido. Misturar o óleo puro com uma quantidade dupla de solvente, após agitação seguida de repouso, quando se formam 2 camadas - a camada superior com óleo refinado e a camada inferior com o extrato.

Desparafinização - a operação é feita em 2 etapas: arrefece-se até 0 oC, quando se separam os alcanos com massa cristalina, e na 2ª etapa da reação arrefece-se até -18oC. Um arrefecimento abaixo de -18oC não é indicado porque a estabilidade do óleo diminui.

Hidrorrefinação. A hidrorrefinação catalítica dos óleos minerais é o método mais eficaz de eliminação dos compostos de enxofre, azoto e oxigénio. Paralelamente à eliminação dos compostos destes elementos, tem lugar a hidrogenação dos alcenos e parcialmente dos hidrocarbonetos aromáticos. Os catalisadores de hidrorrefinação são baseados em sulfuretos ou óxidos de cobalto e molibdénio ou níquel e molibdénio num suporte de alumina activada.

Absorção. A refinação por absorção tem como objetivo a remoção de produtos coloridos e compostos macromoleculares, que imprimem uma cor escura. A refinação é efectuada por:

- percolação - consiste em fazer passar os óleos a uma temperatura de 20-100oC, através de uma coluna de terra de branqueamento moída.

- contacto - consiste na mistura energética do óleo com terra de branqueamento, finamente moída, com ar comprimido. Depois de reter as impurezas na superfície do absorvente, o óleo é separado do absorvente por filtração através de um material poroso.

Óleos sintéticos

A técnica moderna exige a utilização de óleos lubrificantes com propriedades superiores às dos óleos minerais, nomeadamente no que respeita à reduzida variação da viscosidade com a temperatura. Se nos referirmos aos requisitos funcionais dos motores turbo, um bom lubrificante deve satisfazer os seguintes requisitos: ser inerte do ponto de vista químico, apresentar estabilidade térmica e oxidação muito elevada, não sofrer degradação devido à aplicação de solicitações mecânicas de fricção, apresentar variações reduzidas de viscosidade com a temperatura, apresentar resistência ao fogo e à radiação nuclear. Estes requisitos não são encontrados nos hidrocarbonetos presentes na composição dos óleos que contêm as ligações químicas C - C, C - H. Por isso, foram desenvolvidos processos para a síntese de alguns produtos que contêm outras ligações químicas. Si-O, que tem uma energia de ligação mais elevada, conferindo ao lubrificante uma maior estabilidade térmica e à oxidação; C - F, obtém-se uma melhoria da inércia química do composto; C - Cl, obtêm-se compostos resistentes à fac.

Os óleos sintéticos são obtidos através de reacções de polimerização, condensação e policondensação.

Os óleos polimerizados são obtidos através da polimerização de alcenos inferiores, na presença de cloreto de alumínio como catalisador. Estes óleos têm a desvantagem de, quando aquecidos a 250-300° C, se despolimerizarem, dando origem a monómeros voláteis e inflamáveis.

Os óleos de ésteres são obtidos por reacções de condensação de ácidos dibásicos com álcoois superiores e com a cadeia normal. Os óleos de ésteres têm um ponto de congelação entre -30oC e -60° C e uma viscosidade, a 50° C, entre 3-8 cSt. Os óleos servem para preparar lubrificantes para motores de turbojactos e para pares que funcionam a baixas temperaturas.

Os óleos de silicone são obtidos por policondensação de dihidroxi-dialquilsilano. Devido à sua inércia química, os silicones podem ser utilizados a temperaturas extremas, de -50oC a 450° C, têm um elevado ponto de inflamação, uma ação corrosiva reduzida e uma viscosidade quase constante na gama de temperaturas de -50° C a 300° C.

II.4.1. Propriedades físico-químicas dos óleos lubrificantes

De um ponto de vista qualitativo, o lubrificante em funcionamento deve apresentar as seguintes caraterísticas

- para assegurar a lubrificação em regime fluido, formando uma camada contínua e resistente entre as superfícies de fricção;

- ser resistente, ou seja, não alterar as suas propriedades no regime de funcionamento sob a influência de factores externos;

Estas caraterísticas funcionais podem ser avaliadas através de propriedades reológicas, físicas, químicas, térmicas, ópticas e eléctricas. Entre estas, as mais importantes são a viscosidade e o índice de viscosidade, o ponto de congelação, o ponto de inflamação e o índice de acidez.

Para conhecer as caraterísticas completas de um óleo lubrificante, é necessário conhecer também a densidade, o coeficiente de dilatação térmica, a pressão de vapor, o calor específico, a condutividade térmica, o índice de refração, os espectros de emissão e de absorção no ultravioleta e no infravermelho, a difração de raios X, a fluorescência e a cor.

Viscosidade

A propriedade dos fluidos de se oporem à tendência de deslocamento relativo das camadas que os compõem, devido às forças de atração intermoleculares, é designada por viscosidade. Quanto maiores forem as forças de atrito, menor será a fluidez do líquido e maior será a viscosidade. A viscosidade depende da temperatura e da pressão, um aspeto que não pode ser negligenciado em acoplamentos de fricção fortemente carregados e na presença de velocidades elevadas. Na prática, são utilizadas as viscosidades dinâmica, cinemática e relativa para caraterizar os fluidos.

A influência da temperatura. A temperatura exerce uma influência muito pronunciada na viscosidade do óleo, especialmente nos óleos viscosos ricos em hidrocarbonetos aromáticos e, em menor grau, nos óleos parafínicos com boas propriedades de fluidez.

A influência da pressão. Ao contrário da temperatura, a pressão tem uma influência muito menor.

Lubricidade. A capacidade do lubrificante líquido ou semi-fluido para aderir à superfície metálica e formar uma película resistente que impede o contacto direto entre as partes móveis, de modo a eliminar o atrito seco e assegurar a lubrificação no limite, é designada por untuosidade ou poder lubrificante. A formação da película lubrificante sobre uma superfície metálica é de natureza complexa e inclui tanto a ação física, ou seja, a absorção propriamente dita, como a ação química das substâncias em contacto, ou seja, a quimisorção. Para a mesma viscosidade, os óleos que também contêm moléculas de grupos polares terão um maior poder de lubrificação.

Ponto de congelação - é a temperatura à qual um óleo perde a sua mobilidade até deixar de fluir sob a ação da sua força. O conhecimento do ponto de congelação permite a seleção correta dos óleos utilizados na lubrificação de máquinas que trabalham temporária ou permanentemente a baixas temperaturas e que devem ser lubrificadas apenas com os óleos que permanecem fluidos à temperatura de funcionamento da máquina.

Ponto de inflamabilidade - representa a temperatura mínima, à pressão atmosférica normal, em que os vapores da superfície do óleo misturados com o ar se inflamam em contacto com uma chama.

Através do ponto de inflamação, avalia-se a volatilidade do óleo e verifica-se a sua composição, ou seja, determina-se se é constituído por uma fração homogénea ou se é o resultado da mistura de fracções mais pesadas com outras mais leves.

Índice de acidez. Os óleos refinados frescos, não adicionados, têm um carácter ligeiramente ácido, devido aos ácidos orgânicos e aos ácidos minerais presentes na sua composição. A acidez mineral pode ser causada pelo ácido sulfúrico que permanece como resultado de uma neutralização incompleta após a refinação ácida, e a acidez orgânica é devida aos ácidos nafténicos contidos no óleo. O número de acidez representa a quantidade de hidróxido de potássio, em mg, necessária para neutralizar a acidez de um grama de óleo.

Aditivos. Os óleos lubrificantes devem possuir um complexo de propriedades, tais como detergentes, untuosidade, viscosidade adequada, propriedades anti-desgaste, antioxidantes e anti-corrosivas. Estas propriedades, inexistentes nos hidrocarbonetos que constituem o óleo de base, são conferidas por uma vasta gama de compostos químicos, de natureza orgânica ou organo-metálica, denominados aditivos.

O modo de ação dos aditivos, tanto físicos como químicos, é complexo e muitas vezes incompletamente elucidado. Sabe-se que a sua ação depende da sua natureza e concentração, da presença de outros aditivos, da natureza do óleo de base e do seu grau de refinamento, das condições de utilização do lubrificante. Para que uma substância possa ser utilizada como aditivo, deve satisfazer determinadas condições: ser facilmente solúvel no óleo de base, para evitar a sua separação durante o funcionamento ou armazenamento do óleo; ser solúvel em água, para que não possa ser retirada do óleo, na presença de vestígios de água; apresentar uma baixa pressão de vapor, para não se volatilizar durante o funcionamento do motor, quando a temperatura do óleo é elevada; ser estável do ponto de vista químico, à ação de agentes físicos e químicos; não influenciar negativamente nenhuma das propriedades do óleo de base.

Os aditivos podem ser classificados de acordo com a estrutura química dos compostos, mas, na prática, foi imposta uma divisão das classes de aditivos, tendo em conta tanto a funcionalidade como as propriedades físico-químicas dos respectivos compostos, nomeadamente

- de acordo com as propriedades físicas e reológicas - aditivos para melhorar o índice de viscosidade, aditivos para baixar a temperatura de congelação;

- de acordo com as propriedades triboquímicas: aditivos dispersantes de detergentes, aditivos para reduzir o atrito e o desgaste, aditivos anti-ferrugem, aditivos para melhorar a formação de espuma;

- de acordo com as propriedades químicas: aditivos para melhorar a resistência - à oxidação e à corrosão.

Referência

1. Atkins P. W., Physical chemistry, 2-nd edition, Oxford University Press, Oxford, 1982.

2. Atkins P. W., Trapp C. A., Exerciţii şi probleme rezolvate de chimiefizică, Ed. Tehnică, Bucureşti, 1997.

3. Atkins P. W., Tratat de chimie-fizică, Ed. Tehnică, Bucureşti, 1996.

4. Ausländer I., Chimia-fizică, Ed. Institutului Politehnic, Bucureşti, 1951.

5. Bâldea I., Mathe I., Schmidt E., Calcule şi probleme de chimie-fizică, U.B.B., Cluj-Napoca, 1974.

6. Bâldea I., Some Advanced Topics in Chemical Kinetics, Cluj University Press, Cluj-Napoca, 2000.

7. Bednar V., Bednar H., Chimie-fizică generală, Ed. Didactică şi Pedagogică, Bucureşti, 1978.

8. Beldie C., Ionescu G., Chimie-fizică, Institutul Politehnic "Gh. Asachi", Iaşi, 1987.

9. Bourceanu G., Chimie fizică, Ed. I.P. Iaşi, 1989.

10. Cădariu I., Chimie-fizică, vol. II, Ed. Didactică şi Pedagogică, Bucureşti, 1971.

11. Chiriac A., Chiriac V., Curs de chimie-fizică generală; pentru uzul studenţilor, Tipografia Universităţii, Timişoara, 1987.

12. Connors K. A., Chemical Kinetics, VCH, 1990.

13. Copeland R., Enzymes, Ed. Wiley, 2000.

14. Davidescu C., Păcurariu C., Curs de chimie-fizică pentru subingineri, Institutul Politehnic "Traian Vuia", Timişoara, 1990.

15. Denbigh K. G., The Principle of Chemical Equilibrium, Cambridge University Press, Grã-Bretanha, 1971. 290

16. Dubois B., Termodynamique équilibres, cinétique et chimie métallurgique: cours et exercises corriges, Editure Ellipses, Paris, 1997.

17. Hirst D. M., Mathematics for Chemists, Macmillan, Londres, 1983.

18. Isac V., Hurduc N., Chimie fizică. Cinetică chimică şi cataliză, Ed. Ştiinţa, Chişinău, 1994.

19. Jäntschi L., Ungureşan Mihaela-Ligia, Chimie-Fizică. Cinetică şi Dinamică Moleculară, Ed. Mediamira, Cluj-Napoca, 2001.

20. Landauer O., Geană D., Iulian O., Probleme de chimie-fizică, Ed. Didactică şi Pedagogică, Bucureşti, 1982.

21. Moore J. W., Pearson R. G., Kinetics and Mechanisms, 3ª edição, Ed. Wiley, Nova Iorque, 1981.

22. Moore W. J., Physical chemistry, 5-th edition, Longmans Scientific and Technical, London,1987.

23. Murgulescu I. G., R. Vâlcu, Introducere în chimia-fizică, vol. III, Ed. Academiei R.S.R., Bucureşti, 1982.

24. Náser K. H., Physikalische Chemie für Techniker und Ingenieure, VEB Deutscher Verlag für Grundstoffindustrie, Leipzig, 1988.

25. Neniţescu C. N., Chimie generală, Ed. Didactică şi Pedagogică, Bucureşti, 1985.

26. Niac G., Schonberger E., Chimie-fizică, vol. III, Ed. Tehnică, Bucureşti, 1970.

27. Niac. G, Voiculescu V., Bâldea I., Preda M., Formule, tabele, probleme de chimie-fizică, Ed. Dacia, Cluj-Napoca, 1984.

28. Oniciu L., Zsakó I., Chimie-fizică - Stările de agregare şi termodinamica chimică, Ed. Tehnică, Bucureşti,1968.

29. Rock P. A., Chemical Thermodinamics, University Science Books, Mill Valley, 1983. 291 30. Sava L., Chimie fizică şi coloidală, lito, Universitatea Sibiu, 1992.

31. Săndulescu D., Chimie-fizică, vol. I, Ed. Ştiinţifică şi Enciclopedică, Bucureşti, 1979.

32. Schneider A., Cinetica chimică, Ed. Didactică şi Pedagogică, Bucureşti, 1974.

33. Schwabe K., Physikalische Chemie, Band 1-2, Berlim, Akademie Verlag, 1975.

34. Schwetick K., Dunken H., Pretzschner G., Chemische Kinetik, Leipzig, VEB, 1982.

35. Stanley H. E., Introduction to Phase Transitions and Critical Phenomena, Claredon Press, Oxford, 1971.

36. Steinfeld J., Francisco J., Hase W., Chemical Kinetics and Dynamics, Ed. Prentice Hall, 1989.

37. Stepanov N. F., Frlzkina E., Filippov G. G., Metode ale algebrei liniare în chimia-fizică, Ed. Ştiinţifică şi Enciclopedică, Bucureşti,1980.

38. Sternberg S., Landauer O., Mateescu C., Geană D., Vişan T., Chimiefizică, Ed. Didactică şi Pedagogică, Bucureşti, 1981.

39. Sykes A. G., Kinetics of Inorganic Reactions, Pergamon Press, Oxford, 1966.

40. Tobe M. L., Inorganic Reactions mechanisms, Thomas Nelson, Londres, 1972.

41. Tribunescu P., Chimie-fizică, vol. II, lito, Timişoara,1979.

42. Ţiţeica Ş., Termodinamica, Ed. Academiei R.S.R., Bucureşti,1982.

43. Vâlcu R., Termodinamica chimică, Ed. Tehnică, Bucureşti, 1994.

44. Zeno A., Chimie-fizică - Termodinamică chimică, U.B.B. lito, ClujNapoca, 1989.

MIX
Papier aus verantwortungsvollen Quellen
Paper from responsible sources
FSC® C105338

Printed by Books on Demand GmbH, Norderstedt / Germany